赵印泉 等◎著

风景园林植物景观设计与营造

FENGJING YUANLIN
ZHIWU JINGGUAN SHEJI YU YINGZAO

全国百佳图书出版单位

化学工业出版社

内容简介

本书共计十二章，三大部分。第一部分为第一章到第五章，主要论述园林植物景观设计的基本知识、原理、技术与方法。第二部分为第六章到第八章，主要介绍了植物景观设计制图、评图、施工的技术与管理要点。第三部分为第九章到第十二章，以案例形式阐述了各类绿地植物景观设计与营造的原则、规范和特点。本书运用大量图示语言，理论结合实践，力求贴近行业工作实际，具有新颖性、启发性和实用性等特点。

本书既可以作为高等院校、高职高专风景园林、园林、环境艺术等专业的教材，也可以作为园林植物景观设计从业人员的参考书。

参与编写人员：赵印泉、周斯建、王艺熹、吴召郡、张瑞虎、蒋尹、李超群

图书在版编目（CIP）数据

风景园林植物景观设计与营造 / 赵印泉等著. -- 北京：化学工业出版社，2022.4（2024.8重印）
ISBN 978-7-122-40823-5

Ⅰ. ①风⋯　Ⅱ. ①赵⋯　Ⅲ. ①园林植物 — 景观设计 — 研究　Ⅳ. ①TU986.2

中国版本图书馆CIP数据核字（2022）第027318号

责任编辑：毕小山　　　文字编辑：蒋丽婷　陈小滔
责任校对：李雨晴　　　装帧设计：对白设计

出版发行：化学工业出版社（北京市东城区青年湖南街13号　邮政编码100011）
印　　装：涿州市般润文化传播有限公司
787mm×1092mm　1/16　印张16¼　字数266千字　2024年8月北京第1版第2次印刷

购书咨询：010-64518888　　　售后服务：010-64518899
网　　址：http://www.cip.com.cn
凡购买本书，如有缺损质量问题，本社销售中心负责调换。

定　　价：98.00元　　　　　　　　　　版权所有　违者必究

前言

PREFACE

当前，我国城市建设已经从快速发展阶段进入质量提升阶段，我国政府也相继提出了园林城市、生态城市、海绵城市等系列城市发展理念。2018年，习近平总书记在四川调研时首次提出了"公园城市"全新理念和城市发展新范式，为新时期我国城市园林建设指明了方向。园林植物作为城市景观中唯一具有生命的要素，是城市绿色基础设施的重要组成部分，是碳吸收、碳储存的重要贡献者，对维护地域乡土特色景观形象具有重要作用。因此，营建低维护、乡土性和可持续性的植物景观，是我国园林建设者面临的机遇与挑战。

本书是作者多年来从事园林植物景观教学、科研和生产实践的思考与总结，分为设计基础理论，制图、评图与工程技术，案例实践三个部分。第一部分第一章到第五章为基础理论，注重方法阐述和理论交叉，吸收了生态学、艺术学、植物学、空间营造等多学科交叉知识，较为系统地论述了园林植物景观设计的基本规律。第二部分第六章到第八章为工程技术，主要以案例形式介绍了植物景观设计制图、评图、施工的技术与管理要点。第三部分第九章到第十二章为案例实践，以公园绿地、居住绿地、道路广场绿地和校园绿地为对象，以案例形式分析了各类绿地植物景观的设计规范、基本功能、设计原则和营造特点。本书运用大量图示语言，理论结合实践，力求贴近行业实际，具有新颖性、启发性和实用性等特点。既可以作为高等院校、高职高专风景园林、园林、环境艺术等专业的教材，也可以作为植物景观设计从业人员的参考书。

本书得到成都理工大学2021—2023年高等教育人才培养质量和教学改革"园林植物景观设计"教材建设（JG2130093）、成都理工大学教学创新团队（JXTD201703）、四川省哲学社科重点研究基地国家公园研究中心（GJGY2020—ZD003）、四川省高等学校人文社会科学重点研究基地青藏高原及其东缘人文地理研究中心（RWDL2021—YB003）等项目的资助，谨致谢忱！

本书在撰写过程中，参考了国内外众多专家、学者的研究成果和文献资料，在此谨致谢意。由于作者学识所限，书中难免有疏漏和不足之处，敬请读者、业内专家学者指出以便补遗。

著者

2021 年 10 月

目录
CONTENTS

第一章　绪论

植物是园林景观最重要的组成部分。植物以其个体的姿态、色彩、质感、季相变化，以及群落外貌等形成了独具特色的景观，能够带给人们视觉上的享受及心灵上的感悟。

植物是风景园林创作的重要素材，英国造园家克劳斯顿认为："风景园林设计归根结底是植物材料的设计，其目的是改善人类的生态环境，其他的要素只能在有植物的环境中发挥作用。"笔者认为，植物景观营造是一种复杂而又独特的创作，复杂性表现在创作过程中，既要创造植物景观美的形象，又要考虑植物的环境功能；既要重视植物的生态习性，又要将植物文化考虑其中；既要考虑地域特色，又要考虑工程造价，其核心目标是要构建一个供人使用的、稳定的、可持续的生态空间。

第一节　园林植物景观的相关概念

一、园林植物

根据《中国大百科全书》的解释，园林植物是指绿化效果好，观赏价值高，适用于城乡园林绿化建设的植物材料，主要包括木本和草本的观花、观叶或观果植物，适用于园林绿地和城市林地的防护植物与经济植物，以及室内装饰用花卉植物。

二、园林植物景观

园林植物景观是指天然或人工栽植的由乔木、灌木、地被等植物组成的具有林相、季相、姿态的植物景色。它能通过人们的感官使人产生美的感受和联想。它是在园林中以具有生命力的植物为主要素材，结合水体、地形等其他造园要素，充分发挥植物个体与群体的形态、色彩、质感、线条等自然美，采用不同的构图形式，组成多维度的动态空间，满足人们的多元化需求，使之成为具有较高美学价值、生态价值、文化价值、社会价值、经济价值等丰富内涵的活的动态景观综合体。

三、园林植物景观设计与营造

园林植物景观设计，也称园林植物配置、植物景观设计、植物种植设计等。西方国家多采用"Planting Design"一词。它以植物为素材，运用生态、美学、空间营造、季相变化等原理，创造出空间各异、艺术多彩的适宜室外活动的环境。

园林植物景观营造也称园林植物造景，是以园林植物为素材，配合山、水、建筑等造园要素，建造出符合生态原理、艺术欣赏、空间构图需求的植物景观。

第二节　园林植物景观的相关理论

一、西方园林植物造景相关理论

古埃及是最早培育树木、发展园艺事业的地区。炎热的气候迫使当地人在庭院里种植树木遮阴，葡萄园、菜园等成为私家庭院。古希腊时期，人们从波斯学到了西亚造园技艺，把果蔬园进一步建成装饰性庭院。从古罗马到中世纪时期的欧洲，人们建造了很多优美的庭院，在里面种植了很多装饰植物和精心修剪的造型植物。15世纪初，文艺复兴令当时出现了一大批爱好自然风光的艺术家。他们欣赏自然之美，从园艺角度欣赏植物。巴洛克时期，人们追求将园林植物修剪出活泼的线条形式。

18世纪工业革命后，英国风景园林师威廉·肯特真正摆脱了规则式园林的束缚，认为"自然是厌恶直线的"，其造园的核心思想是再现自然。这种自然风景式营建思想对英国乃至世界风景园林营造产生了重要的影响。他将英国斯陀园中原有的直线改为自然的曲线，将八边形水池改为自然式水体，用孤植树、自然树丛、自然草地等形式替代了传统的绿篱。这种植物景观在英国很多公园和植物园都可以见到，如英国邱园（图1-1）。

自然风景式植物景观的基本特征如下。

① 自然开阔的草地与群植、片植和孤植点缀的树木形成景观焦点。

② "植物+地形"组合变化，地形顶部栽植的

图1-1　英国邱园中的自然风景式植物景观

树丛，形成景观与视觉的缓缓上升，地形凹陷的地方通过植物栽植调节景观视线。

③ 植物种植设计手法遵循成"带"、成"簇"和点缀原则。"带"是指自然弯曲的带状片林。"簇"是一种密实的栽植形式，以自然的环形结构进行布置，与周边的草地形成鲜明的对比关系，可成为园林中的景观焦点。点缀是栽植孤植树的设计手法，是空间中的视觉焦点。

从18世纪至21世纪，西方的植物景观设计理论经过多次发展，从以自然模式为主的自然式设计，到以本土化为主的乡土化设计，再到以环境保护为目标的保护性设计，最后形成了以生态学为理论基础的现代植物造景理论。

1. 自然式设计

自然式植物设计以群落为基本单元，依托原有的地形地貌，从形式上表现自然，立足于将自然引入城市的人工环境，表现林地和草坪相间的旷野景观。典型案例是美国奥姆斯特德在摩天大楼林立的曼哈顿设计了占地约5000亩（1亩≈666.67m^2）的中央公园，将自然引入城市，如图1-2所示。

图1-2　美国纽约中央公园的林地与草坪景观

2. 乡土化设计

乡土化设计是通过对场地及其周围环境植被和自然史的调查，使设计切合当地的自然条件并反映当地的景观特色。为了提高植物的成活率，并与乡土景观相协调，以约翰·O.西蒙兹为代表的美国中西部设计师提出了全新的设计理论，设计的形式和材料应该适合当地的景观、气候、土壤等条件。运用乡土植物群落展现地方景观，具有保护生态环境和造价低廉等特点，有效解决了美国公路网两侧的美化和护坡问题，如图1-3所示。

图 1-3　美国西部高速公路边的宿根花卉景观

3. 保护性设计

保护性设计是通过对区域生态关系进行科学分析，合理设计减少对自然的破坏，以保护现状良好的生态系统。其积极意义在于将生态学研究与景观设计相联系，建立科学的设计伦理观。第二次世界大战后，英国以谢菲尔德和海科特为首的风景园林设计师提出了以环境保护为目标的设计理念，以生态因子科学分析结果为基础，进行景观设计。此后，美国麦克哈格出版了《设计结合自然》这一著作，以尊重自然、保护自然为目标，揭示了景观设计与环境因子的内在联系，并提出了计算机辅助叠图分析法，开创了景观生态设计的科学时代。

4. 现代植物造景

在生态主义思想的影响下，植物景观设计开始尊重自然，重视科学种植。在保护及恢复植物多样性的同时，重视乡土植物的应用，并以此来体现地方景观特性，如德国莱茵河畔生态修复后的景观（图1-4）。

图1-4　德国莱茵河畔生态修复后的景观

二、中国园林植物造景相关理论

中国古典园林植物造景经历了从殷周秦汉时期以实用、豪放、粗犷为主的风格到魏晋时期精细化风格的转变，体现了植物造景从重实用到重形式的转变过程。唐、宋、元、明、清时期的文人写意化园林，不仅表现为植物种类丰富，还体现出植物造景思想从形似到神似的转变。所谓的"形"是仿效自然山林之景，如在有限的空间中用几株树木营造"三五成林"之感；所谓的"神"是以物类人之举，如以松柏代指不屈，以梅花代指高洁。

明清是园林植物景观著作较为丰富的时期。明代著名造园家计成撰写的《园冶》一书，专门论述了园林花木配置的内容。明代王象晋的《二如亭群芳谱》、文震亨的《长物志》、王君荣的《阳宅十书》等著作都涉及园林植物配置。清初陈淏子先生在《花镜》中，对植物栽种时间、栽培管理养护方法、植物形态、种植位置、植物配置方法等内容进行了较为详细的论述。

现代植物造景方面，汪菊渊先生在《中国古代园林史纲要》中对传统园林种植设计进行了较为详细的阐述。孙筱祥先生在《园林艺术及园林设计》中比较系统地论述了园林种植设计的基本理论。20世纪90年代，苏雪痕先生提出了植物景观规划设计的思路与方法。这反映了园林植物景观设计随着时代的发展而更新。

第三节　园林植物景观的功能与作用

一、生态维护功能

园林植物是城乡生态环境建设的主体，是具有生命的净化器。大量研究表明，园林植物在保持水土、涵养水源、降低城市热岛效应、吸污滞尘、维持碳氧平衡、净化空气、蓄水防洪及维护生态平衡中具有不可替代的作用。

1. 保持水土、涵养水源

园林植物具有涵养水源、减少地表径流、保护水土的作用，可以通过树冠、树干、枝叶阻截天然降水，缓和天然降水对地表的直接冲击，从而减少对土壤的侵袭。乔木树冠高大、郁闭度大、截流雨量能力强。草坪通过致密的根系形成纤维网络，加固土壤，能有效防止土壤被冲刷流失。枯枝落叶和结构疏松、孔隙度高的林下土壤具有很强的蓄水能力。

2. 降低城市热岛效应

城市热岛效应是指城市因大量的人工发热、建筑物和道路等高蓄热体发热，以及绿地减少等因素，而出现城市"高温化"，是生态环境失调引起的一种城市中心气温比相邻郊外气温高的现象。

园林植物能够明显降低环境温度，并增加环境湿度，从而缓解热岛效应。一方面，植物通过光合作用，大量吸收空气中的二氧化碳，抑制温室效应，并通过蒸腾作用消耗大量的热量，降低了温度，提高了湿度；另一方面，植物通过叶片反射并遮挡太阳辐射能，使树冠下面及到达地面的太阳辐射显著减少。

总体来说，园林植物能使局部气温降低1~5℃，增加相对湿度3%~12%。植被覆盖率与热岛效应程度呈负相关，即植被覆盖率越高，热岛效应程度越低。因此，通过乔、灌、藤、草等多层植物结构，能够提高园林绿地单位面积的"叶面积指数"，从而有效缓解城市热岛效应。

3. 吸污滞尘

城市雾霾天气持续增加和可吸入颗粒物污染加重，对人们的健康造成了极大危害，并严重影响了人们的生活。大量研究表明，植物具有较强的滞尘能力，能够滞留大气中的粉尘，有效减少和消除空气中的粉尘等颗粒物，对改善空气质量具有重要作用。

园林植物的吸污滞尘能力依赖于叶片。有些植物的叶片能够分泌黏性油脂及汁液来吸附颗粒物，有些叶片表面具有绒毛能吸附大量的灰尘。不同树种吸附灰尘的能力不同，叶表粗糙的大于叶表光滑的，树冠大而浓密的大于树冠小而稀疏的，大叶的大于小叶的。园林植物的吸污滞尘能力还与叶片着生的角度有关，角度越大，滞尘能力越小。

4. 维持碳氧平衡、净化空气

园林植物在光合作用过程中吸收二氧化碳，产生氧气；在呼吸作用过程中，吸收氧气释放二氧化碳。由此维持了生物圈中二氧化碳和氧气的相对平衡，简称碳氧平衡。在园林植物的光合作用和呼吸作用过程中，部分有害气体随空气进入植物体内，植物通过一系列的生理、生化反应，将有毒物质积累、降解、排出，从而达到净化空气的目的。

二、空间营造功能

植物的空间营造功能指的是植物作为构成空间的要素，独立或与其他设计要素配合，构成、限定和组织具有特殊质感的空间，以其独有的形态、色泽、质感，影响和改变人的视觉感受。植物构成空间时，植物的品种、大小、位置、形态、色泽、质感、气味、封闭性和通透性是决定因素。植物构成的空间有其特殊性，在三维空间基础上，增加了时间维度，这体现在植物空间随季节的变化而变化。

从空间的使用功能来看，植物构成的空间可以分为休息、游赏、娱乐、健身等类型；从行为心理视角，植物构成的空间可以分为私密、半私密、公共、半公共等类型。

三、休养保健功能

植物具有休养保健功能。首先，植物通过优美的形态、动人的线条、绚丽的色彩、怡人的芳香、诗画般的风韵，与其他园林要素协调地结合，创造出一种人与自然融为一体的自然景观，使得久居都市的人们能够回归自然、放松身体以及调节精神。其次，植物在生命过程中，产生了大量空气负离子，使人感到神清气爽、舒适惬意，能起到降压、消除疲劳、调节神经等功效。再次，有些植物还能够分泌挥发性物质杀灭空气中的病菌，有些芳香植物能释放出香气使人心平气和。

四、感官刺激功能

植物丰富的色彩、优美的姿态、馥郁的香气及其季相变化，能让呆板生硬的环境富有生机活力。人们通过视觉、嗅觉、触觉、听觉、味觉五大感官媒介进行感知，并产生心理反应与情绪。人们通过视觉、嗅觉感知植物景观的形状、颜色、香味，通过听觉感知"雨打芭蕉"的意境，通过触觉感受植物的质感。

五、环境提升功能

1. 遮阴纳凉

植物的枝叶能阻挡阳光、吸收热量、降低温度、增加湿度。夏日里，乔木利用高大的树干和浓密的树冠，给人们提供阴凉空间，从而创造出有别于周围环境的小气候，如行道树列、广场树阵等都能够产生良好的遮阴效果。

2. 降低噪声

通过绿化林带、绿篱降低环境的噪声是城市降噪的重要方式。声波在树林中传播时，植物通过树叶、树枝和树干的反射、折射、吸收等作用，消耗一部分能量，从而降低了噪声。园林植物景观的降噪效果受到多种因素影响，种植区与噪声源的距离近、植物种植密度大、树体高大、枝叶稠密、叶片大而厚、树叶和细枝带有绒毛、林带宽度大则降噪效果更好。不同的树种、组合配植方式和地面覆盖情况也对降噪效果有一定影响。因此，降噪的绿地植物配置，应考虑选用常绿灌木与常绿乔木树种的组合，并要求有足够宽度的林带，配合地形的变化，形成较为浓密的"绿墙"，这对降低噪声具有显著效果。

3. 控制视线

植物的体量随生长节律而变化，并占据一定的空间位置，起到引导和遮挡屏障视线的作用。利用植物可达到障景的效果，需求依据设计目标而定，如电力检查房、垃圾房等需要全遮挡视线，因此宜选择高密度的绿篱等密闭性强的植物。若需要半遮挡视线形成漏景，则需采用更加通透的植物，如松散的乔木、灌木等。利用植物材料还可以达到引导视线的效果，如框景可以使视线更加集中在需要观赏的景物上。

4. 软化建筑

植物是生命的象征，具有柔软的枝条和婀娜多姿的形态。建筑物或构筑物具有硬朗的外形，给人以生硬的感觉。在邻近建筑物或者构筑物的绿地中布置合适的植物，遮挡并柔化建筑的棱角，可使得建筑物更加生动活泼，不再单调，使空间场所更加人性化。建筑师赖特曾经倡导"建筑应该是从地底下生长出来的"，这不仅要求建筑师领悟场所精神，也表明植物对于建筑来说是必不可少的。

5. 防灾减灾

在城市防灾减灾体系中，城市绿地占有十分重要的地位。城市绿地的防火功能主要通过含水率高、含油率低的植物阻隔火势蔓延，如珊瑚树、棕榈、苏铁、女贞、银杏等。在地震频发区，深根性乔木根系发达、树干粗壮不易折断，可有效防止建筑物与墙体的倒塌；宽大的树冠、韧性强的枝干可以阻挡坠落物，减缓坠落速度，减轻对人们的危害。在风沙频发区，冠幅宽大、枝叶茂密的植物构成防护林带，能有效降低风速。在泥石流等地质灾害高发区，植物通过植株树冠的截留、地被植物的截留、土壤的渗透，大大延滞了地表径流，减少表土流失，防止山体坍塌、水土流失、泥石流等自然灾害发生。

六、文化象征功能

受到历史文化、风俗习惯、文学作品等人文因素的影响，人们赋予了植物不同的文化内涵。在西方文化中，"花语"是人们用植物的花朵表达情感的一种方式。例如，橡树象征着无上的荣耀、强大的力量和不屈不挠的精神，水仙花象征着自恋或孤芳自赏，红玫瑰象征着爱情，四叶草象征幸运，勿忘我象征永恒不变的心或永远的回忆，白色的菊花象征着对逝者的哀思，红色康乃馨象征对母亲健康长寿的愿望。

在中国传统文化中，园林植物不仅是观赏对象，更是人们托物言志的对象，人们赋予植物不同的品格，寄托情感，蕴含深厚的历史内涵和独特的精神文化底蕴。松四季常青，竹经冬不凋，梅迎寒盛开。松树象征着不屈不挠、忠贞坚毅的品质，翠竹象征着虚心包容的气度，梅花象征着无畏艰险和超凡脱俗的气质。植物的象征意义是中国传统文化千百年来的积淀和审美传承。

第二章
园林植物应用分类

园林植物是城乡生态环境的重要组成部分，是构成城乡景观的重要载体，也是唯一具有生命的绿色基础设施。植物是构成景观的基本材料，具有种类繁多、形态各样、色彩丰富、质感千差万别，且可塑性强等特点，也是构成点、线、面、体等设计语言的基本单元。植物设计师如何从成千上万、种类繁多的园林植物中，快速选择合适的植物进行造景呢？一般来说，可以从以下几个方面考虑。

① 植物选择应满足空间氛围营造，如热闹或静谧、活泼或庄严、开放或封闭等。

② 植物选择应满足功能需求，如环境功能、文化功能等。

③ 植物选择应满足设计原理，如生态学、美学、空间营造等。

④ 植物选择应满足低维护、可持续、乡土性的景观特点等。

⑤ 植物选择应满足工程造价，符合经济性原则。

⑥ 植物选择应满足国家、行业和地方的相关规范标准和条例。

本章基于植物景观设计的视角，对园林植物进行分类。当前我国城乡建设中使用的园林植物种类繁多，不仅包含原产于我国并人工选育的种类，也包含了大量从国外引进的品种。

第一节　按园林植物的生活型分类

植物的生活型是指植物对其生态环境长期适应而具有的相似的形态外貌、结构和习性，是植物对各种环境的趋同适应现象，一般包括乔木、灌木、草本、藤本和草坪植物五种类型。这五种类型的植物或独立或组合，构成了丰富多彩的植物景观。

一、乔木

乔木是指具有明显主干、树形高大的木本植物。

依据乔木成熟期的高度，可将乔木分为伟乔（≥30m），如木棉、杉木等；大乔木（20～30m），如银杏、朴树等；中乔木（10～20m），如合欢、天竺桂等；小乔木（6～10m），如山杏、桃树等。

依据植物景观设计常用的乔木高度分类，可分为上层大乔木（≥12m），如银杏、香樟、黄葛树等；中上层中乔木（6～12m），如天竺桂、乐昌含笑等；中层小乔木（3～6m），如玉兰、樱花、桂花等。

依据观赏特征，可分为观花乔木，如梅花、海棠等；观形乔木，如铅笔柏、雪松。

依据生活习性，可分为常绿乔木，如小叶榕、广玉兰；落叶乔木如鸡爪槭、垂柳。

依据叶片类型分为针叶乔木，如圆柏、油松；阔叶乔木，如悬铃木、蒙古栎等。

依据生长速度，可以分为速生树种，如杨树、泡桐、杉木等；慢生树种，如银杏、油松等。

在自然式植物景观中，上层大乔木树体高大，是整个空间场景中的骨架，控制环境空间垂直界面的尺度，构成优美的天际线和林冠线。中上层中乔木形成丰富的空间群落，与上层乔木相呼应。中下层小乔木选用冠形优美的常绿小乔木增加绿量，或选用彩叶小乔木和开花小乔木构成视觉焦点（图2-1）。在规则式植物景观中，乔木采用对植、列植和树阵等形成空间序列，营造具有统一感和仪式感的氛围（图2-2）。

图2-1　自然式植物群落景观　　　　　　　　图2-2　规则式植物景观

二、灌木

灌木通常是指没有明显主干、树型低矮、分枝点较低或丛生型的树木。灌木形态多样、花色花期丰富、叶色叶形多样。灌木萌蘖能力强，便于修剪成各种形状，如球形、圆柱形、塔形、方柱形等，形成别具特色的植物景观。灌木的高度通常在3m以下，部分规格不大的小乔木，如丛生紫薇、丛生垂丝海棠等在设计时，也可以按大灌木形式考虑。图2-3为不同灌木修剪成的植物景观。

灌木通常位于空间的中下层，处于近距离观赏最佳视线范围内，具有引导视线、烘托空间氛围的功能。灌木不仅可以独立成景，还可以修剪成高低不同的绿篱，形成线性材料分割空间，也可以应用其丰富的色彩，修剪成色块，形成各种美妙的图案。

图2-4为修剪的灌木色块。

图 2-3　大叶黄杨、红花檵木、小叶黄杨等灌木修剪成的植物景观

图 2-4　红叶石楠、四季桂的色块组合

三、草本植物

草本植物包括观花和观叶两种类型。观花草本植物即草本花卉，是指具有草质茎的花卉，其木质部不发达、支持力较弱。草本花卉种类繁多，色彩丰富。随着人工栽培技术的进步，当前草本花卉完全能够满足我国大部分地区四季造景的需求。

草本花卉按照生长习性可以分为一二年生花卉，如百日草、三色堇等；多年生宿根花卉，如地被菊等；多年生球根花卉，如文殊兰、大丽花、百合等。一二年生花卉通过丰富的色彩烘托气氛，既可以大面积种植，形成各种图案，营造气势宏大的景观效果，也可以少量点缀在花境景观中，形成视觉焦点。宿根花卉由于具有多年生、抗性强、低维护、乡土性等特点，近些年成为我国城乡植物景观营造的宠儿。

观叶草本植物是指以观赏植株叶片形态为主的草质茎的植物，如一叶兰、春羽、花叶良姜、金边吊兰、鸭跖草、旱伞草、花叶芦竹等。这些植物耐阴性强，是典型的林下地被植物种类。图2-5为球根花卉组合景观。

图2-5　风信子、欧洲水仙组成的球根花卉组合景观

四、藤本植物

藤本植物是指主茎细长，自身不能直立生长，必须依附他物而向上攀缘的植物种

类，是增加城市绿量、构成立体景观的重要材料。藤本植物依据茎的质地不同可分为草质藤本植物，如牵牛花、绿萝、茑萝等；木质藤本植物，如常春油麻藤、紫藤等。依据攀缘形式不同可分为缠绕类藤本植物，如金银花、猕猴桃等；吸附类藤本植物，如爬山虎、扶芳藤、金叶络石、常春藤等；卷须类藤本植物，如葡萄、炮仗花；蔓生类藤本植物，如藤本月季、三角梅等。

图2-6　垂吊三角梅与建筑形成的景观

应用藤本植物是拓展绿色空间、丰富植物景观类型的重要手段。藤本植物或攀缘在建筑墙体、高架桥柱、景观廊架、挡土墙等之上，或垂吊在建筑物、构筑物高空边缘，形成独特的植物景观效果（图2-6，图2-7）。

五、草坪植物

草坪是用多年生草坪草密植，并经修剪的人工草地。草坪在城市绿地中不可或缺，充当了园林景观的前景和基底，具有保持水土、调节温度等多种功能（图2-8）。

图2-7　藤本月季形成的拱形门景观

图 2-8　美国纽约中央公园大草坪

第二节　按园林植物感观特征分类

园林植物给人以多重的感官享受，如植物的观赏特性、植物的芳香、植物的质感等。观赏特性是园林植物最重要的自然属性，无论是花形、叶形、果形、枝干形等细部器官，还是圆冠形、圆锥形等个体姿态，以及丰富多彩的群体形态，它们呈现的色彩、质感和外貌，都能展现其独特的视觉美。

一、园林植物的形态

形态是构成图形的基础，也是形成空间的基本要素。植物可以按照株形、叶形、花形、果形和枝干形进行分类。

1. 株形

株形是指树冠或者树的外部轮廓形态。

（1）乔木类

① 圆冠形，如法桐、元宝枫、国槐、白蜡、香樟、黄葛树、大叶女贞等。

② 圆锥形，如圆柏、柳杉、云杉等。

③ 塔形，如雪松、水杉等。

④ 圆柱形，如杨树、帚桃等。

⑤ 垂枝形，如垂柳、垂枝樱、龙爪槐等。

⑥ 棕榈形，如棕榈、椰子、加拿利海枣等。

⑦ 丛生形，如丛生香樟、丛生蒙古栎、丛生朴树等。

⑧ 风致形，形态奇特，姿态百干，如松树等。

图2-9为典型的乔木类植物形态，图2-10~图2-17为实景照片。

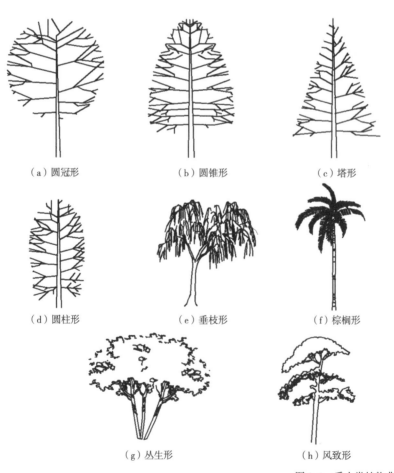

（a）圆冠形　　　　　　（b）圆锥形　　　　　　（c）塔形

（d）圆柱形　　　　　　（e）垂枝形　　　　　　（f）棕榈形

（g）丛生形　　　　　　（h）风致形

图2-9　乔木类植物典型形态

图 2-10 棕榈形乔木——加拿利海枣

图 2-11 圆锥形乔木——云杉

图 2-12 圆冠形乔木——国槐

图 2-13 风致形乔木——油松

图 2-14 丛生形乔木——蒙古栎

图 2-15 垂枝形乔木——垂柳

图 2-16 塔形乔木——雪松

图 2-17 圆柱形乔木——杨树

（2）灌木类

① 圆球形，如黄刺玫、海桐、大叶黄杨、金叶女贞等。

② 丛生形，如丁香、蜡梅、紫荆、贴梗海棠等。

③ 竖条形，如木槿、西府海棠等。

④ 匍匐形，如铺地柏、砂地柏、平枝枸子等。

⑤ 半球形，如榆叶梅、碧桃、金银木、棕竹。

图 2-18 为灌木类典型植物形态，图 2-19～图 2-23 为实景照片。

（a）圆球形

（b）丛生形

（c）竖条形

（d）匍匐形

（e）半球形

图 2-18 灌木类典型植物形态

图 2-19 圆球形灌木——小叶女贞

图 2-20 丛生形灌木——蜡梅

图 2-21 竖条形灌木——西府海棠

图 2-22 匍匐形灌木——铺地柏

图 2-23 半球形灌木——棕竹

（3）草本类

① 圆球形，如菊花、矮牵牛、四季海棠等。

② 竖立形，如散尾葵、蜀葵、毛地黄等。

③ 散生形，如鹤望兰、春羽、海芋等。

④ 丛生条形，如麦冬、吊兰、兰花、沿阶草、新西兰亚麻等。

图2-24为草本类植物典型形态，图2-25～图2-28为实景照片。

（a）圆球形　　　　（b）竖立形　　　　（c）散生形　　　　（d）丛生条形

图2-24　草本类植物典型形态

图2-25　圆球形草本类植物——天竺葵

图2-26　竖立形草本类植物——毛地黄

图2-27　散生形草本类植物——鹤望兰

图2-28　丛生条形草本类植物——新西兰亚麻

2. 叶形

植物叶的形态、大小、质感和疏密程度都能影响植物景观的呈现效果。植物叶形包括叶片形态、排列方式和组合方式。首先是单个叶片的形态，其次是叶片在枝条上的排列方式，最后是带叶片枝条组合形成的叶幕。植物叶片形态非常丰富，如银杏的扇形叶、柳树的披针形叶、鹅掌楸的马褂状叶、悬铃木的掌状叶。叶幕按照疏密程度分为密集型和舒展型两大类，具有密集型叶片的植物大多是叶片较小的灌木，侧枝萌芽能力强，叶片密度大，如杜鹃、小叶黄杨、小叶女贞等，常常可以修剪成各种造型植物，或者修剪成绿篱、色块等。大叶舒展型植物的叶片较大，叶片密度小，木本植物有元宝枫、悬铃木等，草本植物有鹤望兰、芭蕉等。

3. 花形

花卉以其绚丽的色彩，给人以华丽、典雅、赏心悦目的感觉，并成为视觉焦点。花的观赏效果，不仅取决于花朵、花序、大小、数量等，而且还与花朵在植株上的分布、叶簇的陪衬、开花枝条生长情况有关。花卉整体外貌称为花相，自然界主要的花相有独生花相，如苏铁等；线条花相，如连翘等；星散花相，如珍珠梅等；团簇花相，如玉兰等；覆被花相，如广玉兰、泡桐；密满花相，如榆叶梅等。

4. 果形

许多园林植物的果实形态大小不一，色彩繁多，质感独特，不仅是很好的经济植物，也具有很高的观赏价值。如腊肠树果实像香肠，栾树的果实像灯笼，佛手的果实像人手，等等。这些具有形态各异果实的植物都可以成为植物造景的重要材料。

5. 枝干形

植物的枝干是区分植物种类的重要特征。园林植物的枝干造型多样，形态丰富。有枝条低垂轻柔的垂柳，盘旋遒劲的松柏，直立挺拔的白桦，节间凸起的佛肚竹，树干光滑绿色的梧桐，树干光滑灰白的桉树，从局部到整体，都可以形成优美独特的植物景观，给人带来多重感官的独特感受。

二、园林植物的色彩

色彩是视觉最敏感的元素，具有极高的观赏价值。植物的色彩非常丰富，按照植物器官可分为叶色、花色、果色、枝干色等。在植物造景中，科学合理的植物色彩搭配，可以营造出丰富多彩的景观。在春季，黄色和紫红色且明度较高的色彩和开花量适中的植物群落美景度最佳；在夏季，生长势好、林冠层变化小、树干清晰度高的植物群落具较高的美景度，且花色可显著提高夏季林内美景度；在秋季，色彩越纯美景度越高；在冬季，树皮颜色深的植物群落美景度高。

1. 叶色

叶的色彩变化丰富，随着四季的轮回而变化，是最具动态变化的景观。植物叶片中含有叶绿素、叶黄素、花青素和胡萝卜素等天然色素。叶绿素呈现绿色，叶黄素呈现黄色，胡萝卜素呈现橙黄色，花青素呈现红色。色素含量和比例不同会使叶片呈现出不同的色彩。在春夏时节，叶绿素的含量较大，而叶黄素、胡萝卜素的含量远远低于叶绿素，叶片显现叶绿素的绿色。到了秋天，随着气温下降，光照变弱，叶绿素合成受阻，叶黄素、花青素和胡萝卜素含量相对较高，叶片则呈现出红、黄色。按照叶色的不同，植物可分为以下几类。

（1）绿色叶类

绿色是叶的基础颜色，能够给人带来平静、舒适的心理暗示，能够舒缓情绪。根据绿色的明度和纯度，绿色叶可分为多种，有嫩绿、浅绿、深绿、黄绿、墨绿等。不同的绿色之间组合搭配形成多彩的效果。

① 深绿色，如油松、雪松、云杉、女贞、桂花、榕树、广玉兰等常绿植物。

② 浅绿色，如池杉、水杉、刺槐、玉兰、羊蹄甲、银杏等落叶植物。

（2）春色叶类

春季新发生的嫩叶颜色有显著变化的树种，统称为"春色叶树"。如臭椿、五角枫的春色叶为红色，黄连木的春色叶呈现紫红色，香樟的春色叶呈现黄绿色，柳树新叶淡黄色，等等。

（3）秋色叶类

秋季叶色有显著变化的树种，统称为"秋色叶树"。当叶片中花青素含量高时，叶片呈现出红色。当叶片中的叶黄素、胡萝卜素含量高时，叶片则呈现黄色。

① 秋叶变红色：乌桕、黄连木、五角枫、鸡爪槭、花楸、枫香、黄栌、光叶榉、漆树、柿树、莢蒾等。

② 秋叶变黄色：银杏、落羽杉、鹅掌楸、朴树、白蜡、糖槭、垂柳、南酸枣、灯台树、连香树、栾树、黄金枫、梧桐、国槐、白桦、皂荚等。

（4）常色叶类

有些植物的变种或者变型，其叶片常年呈现异色，称为常色叶植物。

① 红色或者紫色：紫叶李、红叶桃、紫叶小檗、红枫、红花檵木、红叶杨等。

② 黄色：金叶女贞、金山绣线菊、金叶国槐、金叶连翘、洒金柏等。

③ 银灰色：银叶金合欢、红花玉芙蓉、水果蓝、银叶菊等。

④ 蓝色：蓝冰柏、蓝杉、蓝羊茅等。

（5）双色叶类

有些植物叶片的背面和正面颜色显著不同，称为双色叶树。常见的双色叶树有红背桂、银白杨、栓皮栎、胡颓子等。

（6）斑色叶类

有些植物的绿叶上具有其他颜色的斑点或者花纹，称为斑色叶类植物。常见的斑色叶类植物有洒金珊瑚、花叶良姜、金边六月雪、金心黄杨、金边龙舌兰、花叶万年青、金边吊兰等。

2. 花色

植物开花时群芳竞秀，色彩缤纷，花色从淡雅到浓艳，总是成为景观的焦点。按花色的不同分类，植物可分为以下几类。

（1）开白色花的植物

乔木有深山含笑、国槐、广玉兰、刺槐、白玉兰、山杏、北美海棠、木芙蓉等，灌木有地中海荚蒾、四川丁香、石楠、白千层、栀子花、小叶女贞、非洲茉莉、牡丹、六月雪等，草本植物有葱兰、曼陀罗、矢车菊、雏菊、三叶草、矮牵牛等。

（2）开粉、红色花的植物

乔木有香花槐、凤凰木、刺桐、象牙红、樱花、石榴、垂丝海棠、紫叶李、山桃、山杏、绚丽海棠、红梅、贴梗海棠、红碧桃、毛樱桃、榆叶梅、合欢、红千层、郁李、木槿，灌木有山茶、茶梅、杜鹃，草本植物有千日红、石竹、火炬花等。

（3）开黄色花的植物

乔木有黄山栾、刺楸、黄槐决明、桂花、金合欢、黄花风铃木，灌木有六道木、金钟花、蜡梅、迎春、结香、棣棠、金丝桃，草本植物有木春菊、金盏菊、洋水仙、萱草、石蒜、大花美人蕉、菖蒲等。

（4）开蓝、紫色花的植物

乔木有泡桐、蓝花楹、紫丁香、紫玉兰、紫花风铃木，灌木有假连翘、蓝雪花、紫藤，草本植物有鸢尾、诸葛菜、薰衣草、桔梗、马蔺、百子莲、梭鱼草、蓝花鼠尾草、蜀葵等。

（5）开绿色花的植物

乔木有绿樱花、绿梅等，灌木有绿牡丹等，草本植物有乒乓菊等。

（6）开黑色花的植物

主要有郁金香、曼陀罗、蜀葵、牡丹、马蹄莲、德国鸢尾、角堇、矮牵牛等。

（7）开变色花的植物

主要有木芙蓉、八仙花、双色茉莉等。

（8）开带斑纹花的植物

主要有百合、石竹、卡特兰、蝴蝶兰等。

（9）开多色花的植物

主要有三色堇、羽扇豆、矮牵牛、美女樱、大花马齿苋、马樱丹等。

3. 枝干色

枝干的色彩也是构成植物景观的重要组成部分，不同颜色的树干组合形成色彩绚丽的构图，可以构成特殊的美感。按枝干色分类，植物可分为以下几类。

（1）白色枝干类

主要有白皮松、白桦、悬铃木、毛白杨、银中杨、柠檬桉、金山葵、狐尾椰、霸王棕、白千层、华盛顿棕榈等。

（2）绿色枝干类

主要有华山松、中国梧桐、桃叶珊瑚、竹子等。

（3）红色枝干类

主要有血皮槭、红桦、赤枫、红瑞木、山麻杆等。

（4）黄色枝干类

主要有黄金槐、金枝国槐、黄瑞木、黄金竹等。

（5）斑状枝干类

主要有光皮梾木、黄金间碧竹、白皮松等。

4. 果色

果实色彩也是植物的观赏点，如火红的火棘、亮紫色的紫珠、金黄色的金橘等。

按果实色彩分类，可将植物分成以下几类。

（1）红色果实植物

乔木有荔枝、构树、柿树、火炬树、石榴、欧李、北美海棠、枣树、樱桃、红豆杉、罗汉松、红果冬青、山楂、法国冬青等，灌木有火棘、枸骨冬青、南天竹、紫叶小檗、平枝栒子、枸杞等，草本植物有天门冬、草莓等。

（2）黄色果实植物

乔木有柚子、枇杷、花楸、龙眼、黄桃等，灌木有乌柿、海桐、金桔、佛手等，草本植物有乳茄、香蒲等。

（3）蓝色果实植物

乔木有白檀，灌木有常山、川西荚蒾、十大功劳、蓝莓、蛇葡萄、紫珠、刺毛白珠等，草本植物有麦冬等。

（4）紫黑色果实植物

主要有葡萄、桑葚、商陆、嘉宝果、黑枸杞等。

三、园林植物的质感

植物质感是指植物材料可见或可触的表面性质，如单株或群体植物直观的粗糙感和光滑感。依据直观感受将植物质感分为细质型、中质型、粗质型。粗质型植物通常具有大而多毛、革质、多刺的叶片，粗壮的枝干，斑驳、皲裂的树皮，以及松散的树形，如欧洲七叶树、广玉兰、核桃、火炬树、棕榈、构树等；细质型植物具有许多小叶片和小枝，以及密集紧凑的冠形，如北美乔松、鸡爪槭、珍珠梅、过路黄等；中质型植物具有中等大小的叶片、枝干，以及适中的树型，如紫薇、银杏、水蜡、女贞等。

四、园林植物的芳香

植物具有香气是因为植物的花朵、叶片等器官释放醇类、酚类、醛类、酮类、萜烯类、醚类、倍半萜烯类次生代谢产物。人们把能够释放香气的植物称为芳香植物。芳香植物具有抗氧化、杀菌、驱蚊蝇、净化空气等功能，还具有生态效益。植物的芳香能够调节人们的情绪，给人无限的遐想和精神的享受，如桂花的浓香，梅花的暗香，茉莉的甜香。我国芳香植物资源十分丰富，目前已发现的芳香植物共有 70 余科 200 余属，主要分布在菊科、芸香科、樟科、蔷薇科、木兰科、柏科等。

1. 按照生活型分类

（1）乔木类

有香樟、阴香、月桂、白兰黄檗、含笑、玉兰、华北紫丁香、蓝丁香、北京丁香、暴马丁香、波斯丁香、桂花、梅花等。

（2）灌木类

有香水月季、突厥蔷薇、多花蔷薇、木瓜、瑞香、结香、素馨花、茉莉、蜡梅等。

（3）草本类

有薄荷、留兰香、罗勒、藿香、紫苏、兰花、香水百合、水仙花、薰衣草、迷迭香等。

2. 按照香气型分类

① 清香型植物：栀子花、兰花、梅花、迷迭香等。

② 甜香型植物：茉莉花、玉兰等。

③ 浓香型植物：桂花、含笑、白兰花、玫瑰花、香水百合、水仙花等。

④ 淡香型植物：薰衣草、香叶天竺葵、柠檬百里香等。

3. 按照产生香气的器官分类

（1）花香类植物

花香类植物是指花朵能释放香味的植物，如桂花、梅花、白兰花、栀子花、茉莉、玫瑰、含笑、夜来香、兰花、百合等。

（2）叶香类植物

叶香类植物是指叶片能释放香味的植物，如香樟、月桂、香柏、迷迭香、藿香、薄荷、紫苏、薰衣草、罗勒等。

（3）果香类植物

果香类植物是指果实能释放香味的植物，如柑橘、柠檬、佛手、苹果、草莓、青花椒等。

五、园林植物的花期

花期是植物景观季相设计的重要要素。掌握植物花期对植物景观营造非常重要。所在区域、当年温度不同，植物开花时间略有差异。

① 1月开花植物：水仙、炮仗花、瓜叶菊、三色堇等。

② 2月开花植物：深山含笑、梅花、迎春、木棉等。

③ 3月开花植物：白玉兰、紫玉兰、泡桐、紫荆、贴梗海棠、紫叶李、桃树、早樱等。

④ 4月开花植物：含笑、厚朴、珙桐、白兰花、日本晚樱、梨树、垂丝海棠、西府海棠、苹果、连翘、金钟花、棣棠、金银木、牡丹、紫藤、木香等。

⑤ 5月开花植物：苦楝、暴马丁香、茉莉、四季桂、刺槐、紫穗槐、凤凰木、石榴、绣线菊、月季、木本绣球、海仙花、荚蒾、鸡蛋花、栀子等。

⑥ 6月开花植物：栾树、合欢、广玉兰、南洋楹、蓝花楹、木槿、扶桑、紫薇等。

⑦ 7月开花植物：国槐、紫薇、阔叶山麦冬、凌霄、一串红、鸡冠花等。

⑧ 8月开花植物：葱兰、姜花、醉鱼草、中华常春藤等。

⑨ 9月开花植物：桂花、木芙蓉等。

⑩ 10月开花植物：羊蹄甲、亚菊等。

⑪ 11月开花植物：茶梅等。

⑫ 12月开花植物：山茶、蜡梅等。

⑬ 多季节开花植物：月季、双荚决明、木春菊、三角梅、美女樱、矮牵牛等等。

第三节　按园林植物构图单元分类

植物是景观构图最重要的材料，是构图的基本单元。植物具有非常强的可塑性，可以形成点、线、面、体等多种构图单元，如圆形、三角形、矩形，以及不规则图形。园林植物通过这些基本构图单元创造优美的园林景观，构成良好的空间秩序。

一、平面构图植物材料

① 点状植物材料：单株的乔木、灌木或草本。

② 线状植物材料：行道树、林带、绿篱、花带等。

③ 面状植物材料：片林、树阵、花坛、花境、草坪、群落、地被。

图2-29～图2-32为植物景观构成的典型的线状、点状和面状图形。

图 2-29　瓜子黄杨形成的圆球形与线形绿篱

图 2-30　黄金菊形成的面状图形

图 2-31　黄杨与月季形成的线状、面状图形

图 2-32　红花檵木与金叶女贞形成的面状图形

二、立面构图植物材料

植物立体空间的构图，可以参考植物的生活型，并结合植物形态，如球形、半球形、伞形、圆锥形、塔形、圆柱形等进行组合。图2-33为圆冠形的乔木个体，组合为矩形空间。

图 2-33　圆冠形单株乔木与矩形统一界面

第三章　园林植物景观设计原理

园林植物景观设计原理是设计师在进行植物景观创作过程中，需要遵循的基本规律和法则，是营造高品质、可持续植物景观的前提条件。

第一节　生态学原理

植物是有生命力的有机体，在长期自然选择过程中，不仅要适应温度、空气、阳光、水分、土壤等生态环境，也要适应周边的植物。因此，掌握植物与生态环境、植物与植物之间的关系，满足植物对环境的需求，是营造健康、稳定的植物景观的基础。

一、生态环境

1. 光照

光照是植物生长过程中不可或缺的生态因子，根据植物生长发育对光照强度的喜好，可将植物分为阳性植物、中性植物和阴性植物三类。阳性植物是指在全日照条件下生长良好，在荫蔽和弱光条件下生长发育不良的植物。阴性植物是指在弱光照条件下生长良好，全日照条件下生长不良的植物。中性植物是介于上述两者之间的植物，在全日照条件下生长最好，但也能忍耐适度的荫蔽。

乔木一般处于群落顶层，大多数属于喜光的阳性植物，如白皮松、南洋杉、毛白杨、白蜡等。也有部分乔木属于中性植物，具有一定的耐阴能力，如日本冷杉、木莲、青冈栎等。

大多数灌木属于喜光的阳性植物，如火棘、红叶石楠、米兰、松红梅、银姬小蜡、水果蓝、欧洲荚蒾、清香木等，应置于林缘或向阳空间。也有部分灌木具有较强的耐阴能力，如桃叶珊瑚、矮紫衫、八角金盘、紫金牛等，可置于林内或者背阴空间。

观花的草本植物大多数属于喜光的阳性植物，如大花金鸡菊、羽扇豆、桔梗、火炬花、紫茉莉等，适合种植在光线充足的场地。观叶的草本植物大多数较为耐阴，如海芋、玉簪、春羽、鸟巢蕨、一叶兰、天门冬、麦冬、金边吊兰、吉祥草等，适合种植在密林或建筑背阴空间。

草坪草大部分属于喜光的阳性植物，如野牛草、结缕草、细叶结缕草、假俭草、狗牙根等。也有部分草坪草具有一定耐阴性，属于中性植物，如草地早熟禾、匍茎剪股颖等。草坪草在光线较弱、郁闭度较大的密林或背阴空间生长不良，在郁闭度较小、光线充足的疏林草地生长良好。

2. 温度

植物对温度的适应性是植物景观营造需要重点考虑的因素。温度对植物生长发育的影响，表现为它们对于最低温度、最适温度和最高温度三基点温度的反应。低于最低温度或高于最高温度，都会引起植物生理紊乱，表现为各种生长不适，极端温度也是植物设计需要重点考虑的因素。近年来，城市热岛效应使得一些原产于热带和南亚热带的植物，也可以在中亚热带地区种植，如黄花风铃木、加拿利海枣、中东海枣、金山葵、凤凰木、蓝花楹等都开始在成都市区种植，且景观表现良好。但也应考虑地区极端温度对植物伤害的潜在风险。

3. 水分

水分是植物赖以生存的物质基础，不仅会影响植物的形态，还会影响植物的正常生长发育。按照对水分的需求，植物可以分为水生植物与陆生植物。陆生植物包括湿生植物、中生植物和旱生植物，水生植物分为沉水植物、浮水植物、漂浮植物和挺水植物。

4. 土壤

土壤是植物赖以生存的基础物质。依据对土壤酸碱度的喜好，植物可分为喜酸性植物、喜碱性植物和中性植物。喜酸性植物在pH＜6.5的土壤中生长良好，如柑桔、山茶、杜鹃、白兰、含笑、珠兰、茉莉、红花檵木、构骨、八仙花、马尾松等；喜碱性植物在pH＞7.5的土壤中生长良好，如蜈蚣草、铁线蕨、南天竹、柏木、新疆杨、黄栌、木槿、柽柳等；中性植物则在pH为6.5～7.5的土壤上生长正常。大多数植物如彩叶植物紫叶李、蓝果树、鸡爪槭、枫杨等都属于中性植物。

5. 空气

空气对植物生长的影响体现在风的影响和大气污染两个方面。风可以帮助植物授粉和播种，也能形成如黄山迎客松、沙漠里的红柳、青藏高原的点地梅等优美又独特的植物景观；风也可以给植物带来伤害，干热峡谷地区的焚风（如金沙江的深谷等地）会导致植物干旱甚至死亡。在不同风环境的影响下，选择适合当地生长的植物类型。

在城市中，汽车尾气、工厂排污等导致空气污染。大部分园林植物都具有一定抗性，如榆树、皂荚、女贞、构树、构骨、山茶、卫矛、海桐等可抗二氧化硫，而圆柏、香樟、柑桔、广玉兰、小叶榕、夹竹桃等抗氟化氢能力较好，适合种植在以煤为主要能源的工厂附近。龙柏、女贞、法国梧桐、白花泡桐、日本珊瑚树、大叶黄杨等抗硫化氢植物，以及榆树、垂柳、枫杨、臭椿、女贞、合欢、天竺桂等在抗氯方面具有较好效果的植物，适合用于城市污水处理厂、冶炼厂等绿化。曼陀罗、常春藤、桑树、垂柳、榆树、爬山虎、白蜡、羊蹄甲等抗汽车尾气污染性能好的园林植物，是城市道路绿化树种的较好选择。

二、相互作用

生长在一定空间范围内的植物，按照自身的生长发育规律生长并相互作用，形成植物群落。从生态学角度来说，植物与植物之间存在三种相互作用，即正相互作用、负相互作用和中性作用，也就是植物的相生相克原理。

1. 正相互作用

正相互作用包括互利共生（相互促进）和偏利共生（单方促进，如附生）两种关系。前者如皂荚与黄栌、百里香等形成的群落，植株互利共生，促进增高。后者如附生关系，原产于热带、亚热带的室内观花观叶植物是极为典型的代表，如兰科植物附生在其他乔木上，利用气生根吸收空气中的养分和水分，肾蕨、鸟巢蕨等蕨类植物寄生在树木的枝干吸收水分和有机质。人工可以营造附生植物群落，既增加了绿色空间，又让景观空间更具立体效果，营造出别具一格的植物景观。常见的有相互促进作用的植物及其影响，如表3-1所示。

表3-1　植物间的相互促进作用

植物群落	积极影响
皂荚-黄栌、百里香、鞑靼槭	植株增高
山苍子-山茶、茶梅、红花油茶	减少煤污病
百合-玫瑰	提高品质，延长花期
苦楝、臭椿-杨、柳、槭	可驱避光肩星天牛
玉米-大豆	提高玉米生长时所需氮肥含量

2. 负相互作用

植物的负相互作用是指群落中某种植物对其他植物生长起抑制作用的现象，包括寄生抑制和偏害抑制。菟丝子是典型的寄生植物，通过尖刺从寄主韧皮部吸取营养，造成寄主植物枯死。樟科无根藤、僵沓科寄生藤等寄生植物也对植物极具破坏性。常见的偏害抑制作用植物及其影响如表3-2所示。

表3-2　植物间的相互抑制作用

植物名称	消极影响
榆树－栎树、白桦、葡萄	栎树、白桦发育不良，葡萄减产至死亡
铃兰－水仙	两败俱伤，都会枯萎
落叶松－杨树	诱发青杨叶锈病
垂柳－紫堇	诱发垂柳锈病

3. 中性作用

中性作用是大多数植物之间所具有的关系，即植物与植物之间存在较弱的相互作用或没有相互作用。这类植物所形成的群落较为稳定，后期养护管理简单，可满足低维护或不维护景观的营建。我国华北地区常见的植物群落有"河北杨＋金银木＋羊胡子草""臭椿＋胡枝子＋玉簪"，华东地区有"栾树＋杜鹃＋麦冬"和"乌桕＋喜树＋鸡爪槭＋麦冬"等。

第二节　美学原理

植物景观是城市不可或缺的景观要素。植物的株形、姿态、体量、色彩和质感等均能给人优美的视觉效果和心理感受。植物景观营造遵循普遍的美学原理，并具有其自身特点。

一、形式美

形式美是一种具有相对独立性的审美对象，它是指物质的自然属性（色彩、形状、线条、质地等）及其组合规律（如整齐一律、节奏与韵律等）所呈现出来的审美特性。形式美法则是人类在创造美的过程中，对美的形式规律经验的总结和抽象，如统一与变化、对比与协调、韵律与节奏、均衡与稳定、比例与尺度等。

1. 统一与变化

统一性是将单个设计要素联系在一起，形成有规律的共性和整体。变化强调要素的差异性，是在统一的前提下，各要素之间有秩序的变化。在实际创作时，过于统一会显得单调乏味，变化过多则容易显得杂乱无章，其总原则是"有变化，但不混乱；有秩序，但不单调"。植物在体形、质地、色彩、线条等方面，既具有变化，也具有相似性。重复是使景观达到统一性最常用的方式，如形状上都是规则式的球形或扁球形，色彩上都是以绿色作为统一基调，表现为深浅不一的浓绿、嫩绿、黄绿等。图3-1~图3-9即表现了植物景观的统一与变化。

图3-1　乔木与灌木的统一变化关系示意

图3-2　具有连续性的整齐乔木与富于变化的灌木

图3-3　统一的灌木将两组植物联系在一起

图 3-4　线性轮廓的红花檵木使两组无联系的植物统一在一起

图 3-5　背景一致的乔木与前景变化的灌木组合

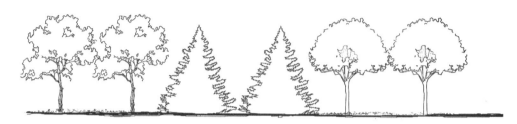

图 3-6　植物高度完全相同，缺少变化，景观显得无趣

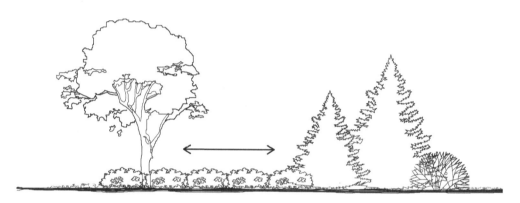

图 3-7　小灌木从视觉上将两部分连接成统一整体，且富有变化

图 3-8　散乱布置常绿植物使布局琐碎

图 3-9　集中配置常绿植物统一布局

2. 对比与协调

对比与协调是艺术构图的重要手段。对比是异质部分组合时由视觉强弱产生的不同表现效果，协调是同质元素与周围环境之间形成相一致的状态，可以产生统一的效果。与统一性不同，协调性是针对各个元素之间的关系，而不是相对整个画面而言。混合、交织的元素是可以协调的，干扰彼此完整性或方向性的元素是不协调的，关键

在于保证平滑的过渡、牢靠的连接、不同元素的缓冲，避免生硬。植物群落过渡要自然，采用渐变设计手法，达到"你中有我，我中有你"的效果。

不同植物之间、植物与建筑之间的对比可以相互映衬、互为背景，以体现景观的丰富多彩，生动活泼。两者之间差异不能太大，需要服从于同一主题，避免丧失基本风格。植物景观通过外形、色彩、质感来实现对比协调关系，如利用同一色系渐变色彩的植物组合，可获得宁静、稳定与舒适的感受，达到协调的景观；质感类似的植物搭配在一起，可形成较为协调的画面；球形、扁球形等外形相似的植物组团，在一起可形成较为协调的效果。图3-10~图3-14即表现了植物景观的对比与协调。

图 3-10 完全的调和使植物景观过于平淡

图 3-11 白色、淡黄色、鲜黄色稳定调和

图 3-12　不同蓝色系列花卉之间的协调

图 3-13　圆球形灌木与丛生条形叶草本植物形成对比

图 3-14 三角形的艺术品与圆球形的植物形成对比

3. 韵律与节奏

　　简单的景物反复连续地出现从而形成节奏，当节奏中出现有规律的变化时，则产生富于动感的韵律，因此节奏与韵律是多样统一原则的延伸。在园林中，利用同一植物进行有规律的重复、有间隙的变化，可以形成具有美感和动感的景观序列，由此给人带来视觉和心理上的享受。常用的方式如下。

　　① 简单韵律。可以采用同一种植物等距离排列，如单一的行道树、单一的树阵。简单韵律使用过多易使整个气氛单调乏味，有时可在简单重复的基础上寻找一些变化。

　　② 渐变韵律。从大到小、从高到矮，反之亦然，如草坪、灌木、乔木的组合。

　　③ 交替韵律。两种植物分段重复交替排列，如乔木、灌木交替的行道树。

　　④ 季相韵律。随着季节发生色彩的变化，如秋色叶和春色叶树种在四季中的变化。图3-15～图3-18即体现了植物景观的韵律与节奏。

图 3-15　交替的韵律

图 3-16　富于动感的韵律

图 3-17　行道树形成的简单韵律

图 3-18　灌木球、灌木块、草坪块、乔木组成的交替韵律

4. 均衡与稳定

均衡与稳定主要指视觉上的平衡，更多强调使用者对园林空间布局完整性的体验以及在心理上是否能够获得安全感。

均衡在平面上可以表现为对称均衡与不对称均衡。对称均衡是指在园林布局中有明确的轴线，且轴线左右两侧完全对称，如街道两旁的行道树、花坛两侧的绿篱等。对称均衡的布局多在规则式园林中采用，用于庄重严整的场地，如纪念性园林、大型公共建筑的前庭绿化等，植物以一条轴线为中心，左右或上下对称，烘托出庄严、肃静和理性的气氛（图3-19）。

图 3-19　构筑物前鸡爪槭组团的对称均衡

不对称的均衡没有明显的对称轴和对称中心，但具有相对稳定的构图重心。不对称均衡的植物景观常用于自然式园林中，以树丛、花境等形式在构图、数量、色彩上给人以轻松、自由、富于变化的感觉，打破呆板构图，在游憩性的公共园林中更易被人接受（图3-20）。

植物景观的稳定性更多是从立面上考虑，是相对于布局整体上下的轻重、大小、明暗关系而言。下层植物密度大，上层植物稀疏，显得上轻下重，比较稳定。景物下小上大则给人不稳定的视觉效果，而金字塔形的植物结构更显稳定坚固。植物景观产生的效果能让人在心理上获得安全感，因而常选择枝干细长、枝叶顶生的乔木下配灌木及草坪，从而达到稳定的效果（图3-21）。

图 3-20　花境不对称的均衡

图 3-21　上轻下重的稳定构图

5. 比例与尺度

　　比例是指物体本身或与其他物体相比的相对大小，前者为绝对比例，后者为相对比例。在园林中，通常以相对比例作为植物景观设计的指导原则，如"黄金分割"0.618：1是最佳比例（图3-22）；整数比例如2：3、3：4、5：8等构成的矩形具有均匀感和静态感（图3-23）。

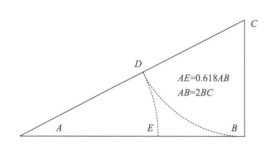

$AE=0.618AB$
$AB=2BC$

图 3-22　黄金分割

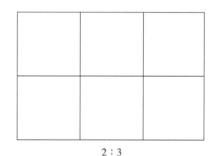

2：3

图 3-23　整数比例矩形

　　植物尺度是指由植物形成的景物大小与人体或其他景观元素的相对关系。如由1.2m高的绿篱形成的空间，对成人而言为亲切尺度，对儿童来说就过于封闭，会使其在心理上产生畏惧之感。因此，植物的高度必须与空间环境相协调，在景观效果和安全上满足使用者的需求。以人为参照可分为三种尺度类型，即亲切尺度、自然尺度和超人尺度，分别提供了亲近、观赏和敬畏之感（图3-24～图3-29）。

图 3-24　景观亭与植物形成自然尺度

图 3-25　廊架与植物形成自然尺度

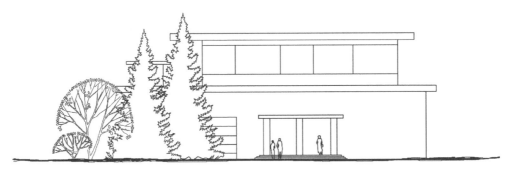

图 3-26　建筑入口与植物形成超人尺度

图 3-27　高大的乔木形成超人尺度

图 3-28　灌木与花卉形成亲切尺度

图 3-29　花境植物形成亲切尺度

二、色彩原理

色彩是对植物景观影响最直接的元素，也是人们最敏感的元素。色彩不仅可以使植物景观变得更有趣，还可以引起人们的情绪变化。色彩还可以改变物体的视觉大小，引导人们的视线，增加景观深度。如何通过各种色彩进行组合搭配，营造出不同的环境氛围和心理暗示，是植物景观色彩设计的核心。

1. 色彩构成

红、黄、蓝是最基本的色彩，即三原色。这三者两两混合成二次色（又称补色），即橙、绿、紫，用一种原色与一种二次色混合形成三次色，每两个颜色之间存在协调、对比、互补三种关系（图3-30）。

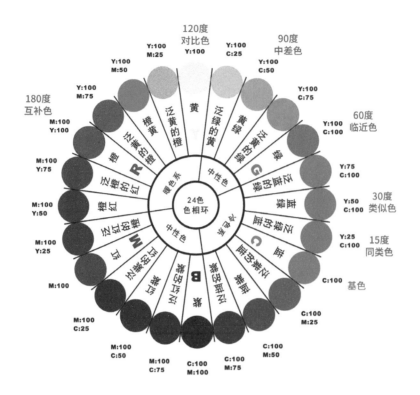

图3-30 色相色环

2. 色彩心理

植物的色彩不仅能起到美化作用，还能调节人的情绪，改善人的心情。研究表明，蓝色花朵能够提高人们的注意力；红色、橙色和香槟色的植物会引发人们紧张、疲劳、快乐的情绪；白色、粉色的植物能给人以宁静舒适感；绿色植物能让人感到平静和放松，提高创造性和工作效率。当大自然的绿色在人的视野中达到25%时，人的精神尤为舒适，心理活动也会处于最佳状态。

色彩心理学较为复杂，不同的颜色搭配给人以不同的感官体验和心理联想。色彩具有温度感，分为冷色系、暖色系和中性色系。红色、橙色和黄色为暖色系，给人以积极、热情、明朗、热闹的心理暗示；绿色、蓝色和紫色为冷色系，通常给人以平和宁静之感；黑色、白色和灰色是中性色，介于两者之间。只有合理搭配色彩，才能使观赏者得到视觉和心理的双重满足。在入口集散区、活动场地区、运动区，配置暖色调植物营造热闹活跃气氛；在安静休憩区配置冷色系植物，创造恬静宜人的舒适感。色彩的情绪不同，在园林中的应用也就不同，具体如表3-3所示。

表3-3　色彩的情绪

色系	积极情绪	消极情绪	应用
红	活跃、热情、勇敢、兴奋、醒目、温柔	危险、恐怖、野蛮	易造成视觉疲劳
橙	富饶、充实、快乐、幸福、豪爽、友爱	焦躁、鄙俗	会产生浮华感，应该以小片面积点缀在植物景观中，起到点睛之笔的作用，产生对比协调感
黄	光荣、辉煌、灿烂、财富、权力、智慧	颓废、焦虑、惶恐	易引起眩目、视觉疲劳。不宜大面积应用，多用作点缀或增添气氛，亮化黑暗区域
绿	生命、自然、和平、理智、安宁、豁达	幼稚	大多数植物的常色，可以缓解视觉疲劳
蓝	自信、冷静、沉默、理性、永恒、真实	忧郁、悲伤、压抑	最冷的色彩，可以应用在空间较小的环境边缘，营造清凉、清净感，增加空间深远感
紫	高贵、权贵、优雅、神秘、美丽、虔诚	压抑、孤独、迷惑	色彩明度低，一般配置于安静休憩区，创造安静舒适感
黑	庄严、气势、肃静、稳重	黑暗、恐怖、窒息	点缀在其他色彩中以体现跳跃感
白	纯洁、神圣、质朴、平安、诚实	悲伤、萧瑟、未知	纪念性景观中应用较多，点缀在冷色系植物中，烘托萧瑟、肃静、庄严的气氛
灰	柔和、高雅	迷茫、混沌	用于植物色彩过渡区

　　色彩的距离感，是指不同色彩给人以不同的距离感受。暖色系如红色、黄色、橘红色等植物，让物体更加显眼突出，使物体在视觉上趋近，给人以亲近感。冷色系如绿色、蓝色、紫色植物，让物体视觉上趋远，给人以远离感。灰色、黑色是中性色彩，最适合做亮色调的背景底色。同一色相不同纯度给人的距离感也是不一样的，纯度越大就感觉越接近、靠前，纯度越小则感觉越后退、远离（图3-31、图3-32）。明色调距离感近，灰色调则是疏远感强。可以根据不同色彩带来的距离感进行层次营造，背景采用叶色较深的植物，主景采用纯度大且明色调的红黄色植物，拉开景深层次，突出主次关系（图3-33）。在小尺度空间，采用纯度小且体量小的植物可以在视觉上削弱空间的拥挤感。

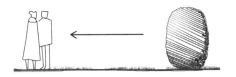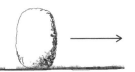

图3-31　深色植物"趋向"观赏者　　　　　　　　　图3-32　浅色植物"远离"观赏者

图 3-33　深色叶植物充当亮色杜鹃花的背景，拉开层次

色彩的重量感，主要与色彩的明度有关。色彩越鲜艳明亮就越给人一种轻盈感，而色彩明度低则给人以沉重感。同一色相上，纯度越高越显得轻，纯度低则显重。在植物景观设计中，将低明度、低纯度、显沉重的植物配置在建筑物基底周围，以增强建筑物的稳定感，使构图稳定（图3-34）。

图 3-34　建筑墙角配置低明度、低纯度、显沉重的植物

3. 色彩搭配

植物色彩应用中，采用对比补色进行搭配，具有强烈的对比效应，色彩效果鲜明活泼，有利于营造视觉冲击力。邻补色在色环上处于相邻间隔，整体上容易形成既统一又有变化的色彩关系。邻补色的组合视感清新，色调分明，美感突出，让人感到柔和、雅致、含蓄，最易产生和谐的色彩趋向，增添温和感。因为对立效果减弱，互相映衬效果更明显，更加协调，更突出整体效果。采用协调关系的色彩进行植物搭配，其变化柔和、平缓，相互之间融洽和谐，更加体现出和谐美感和整体感。和谐的色彩搭配应该是将两种色彩的互补色相配合，通过过渡色对其调和搭配，提升视觉感官的舒适度。不同色系色彩搭配效果如表3-4、图3-35、图3-36所示。

表3-4　植物色彩搭配的效果

植物色彩	搭配	应用效果
红	冷色系组合	相互衬托强调，是传统的色彩搭配，应用在对比明显的景观中
	暖色系组合	新鲜充满活力，营造喜气欢乐的气氛，在热闹处烘托气氛
	补色组合	红色与绿色互为补色，对比强烈、醒目，表达热烈氛围
橙	冷色系组合	加入蓝、青色，让人在活跃氛围中寻求到一丝平静感
	暖色系组合	营造活跃、欢乐、愉快的氛围，多用在花境、花坛中
	补色组合	对比强烈，视觉冲击力大
黄	白色组合	搭配组成米白色整体效果，能够柔和深色系植物的沉重感
	补色组合	与深蓝色、紫色组合，缓解黄色的浓烈厚重感，达到协调统一
	暖色系组合	活跃气氛，令人感到愉悦、有活力
绿	浅色系组合	绿色是中性色，体现年轻活泼，宁静平和
	深色系组合	
蓝	暖色系组合	与黄色、红色搭配，对比强烈，营造活跃气氛
	浅色系组合	与明度低的颜色搭配，让人感到清爽、清净
	协调色组合	与蓝紫、紫色搭配，产生延伸感
紫	浅色系组合	产生安闲恬静的感受，营造出安静宁和的氛围
	协调色组合	使景观具有整体性和协调统一性，体现安静、静谧之感
	补色组合	产生强烈对比，不适合大面积应用，在小景观节点处点缀
白	所有组合	起点缀作用，在不改变其均衡感的同时使原有景观富有生机

图 3-35　鼠尾草、百子莲、绣球蓝色邻补色系搭配，变化柔和，突出整体效果

图 3-36　绿色底色、紫色大花葱的对比调和，突出主体

三、质感原理

植物质感是植物材料可见或可触的表面性质，如单株或群体植物直观的粗糙感和光滑感以及由此带给观赏者的软硬、轻重、粗细、冷暖等心理感受。植物的质感是以视觉代替触觉进行判断，是植物设计考虑的重要因素。植物的质感不像色彩那样引人注目，也不像姿态、体量那样明显，但是能引起丰富的心理感受。熟练掌握植物质感的特性，并充分运用植物的质感原理，不仅能改变景观的空间尺度感，丰富植物景观营造方法，还能够增强植物景观的艺术感，推动植物景观的发展。

1. 植物质感的基本类型

根据观赏者直观感受，将植物质感分为三种类型，即细质型、中质型和粗质型。细质型植物具有小叶片，小枝比较多，冠形密集而紧凑；中质型植物叶片、枝干均较大，树型适中；粗质型植物叶片比较大，枝干粗壮且浓密，株型松散（图3-37）。

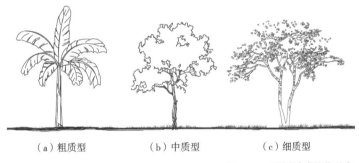

（a）粗质型　　　　　（b）中质型　　　　　（c）细质型

图3-37　不同质感植物示意

2. 植物质感特性

质感不同的植物会使人产生不同的心理感受。粗质型植物轮廓鲜明，明暗对比强，形象醒目，在空间中产生前进感；细质型植物轮廓光滑，有细腻、柔和的纹理变化，明暗对比弱，不易引起注意，在空间中产生后退感；中质型植物材料轮廓形象和明暗对比居中，产生中性的心理色彩和空间感受（表3-5）。

表3-5　植物质感特性及应用

类型	心理感受	应用方式
粗质型	缩小空间，质朴、厚重、温暖和粗犷	作为主景点缀突出，避免过多零乱
中质型	温和、软弱、平静、安逸、调和	多作为基调植物，起过渡协调作用
细质型	延伸视觉空间，精致、高雅、细腻	多作为背景，增加景深和增强变化

在营造植物景观时，要合理使用三种不同质感属性的植物，既要避免质感单一的配置，又要避免质感属性过多引起的杂乱感。对于狭小空间，应尽量选择后退感强的细质型植物，并进行适度的种类搭配，增强植物整体的观赏性。图3-38、图3-39为植物的质感表现。

图3-38　银姬小蜡、三角梅、木本绣球的细质-中质-粗质搭配对比

图3-39　满天星、杜鹃、变叶木的细质-中质-粗质搭配对比

3. 影响植物质感的因素

（1）植物自身因素

植物的形态特征包括叶片形状、大小、表面粗糙度及枝干纹理排列等。单凭枝干、叶片等方面的特征并不能建立对植物材料质感的正确认识。植物的质感是综合上述特征所产生的整体效果。叶片质地也是影响植物质感的因素之一，如坚韧的革质叶片、柔软的纸质叶片等。此外，叶片的大小也对植物质感有直接的影响，小叶片植物质感柔软精细，大叶片植物给人以粗犷、疏松的感觉。从树干来讲，枝干的纹理、粗细、分枝多少也直接影响植物的质感。植物株型紧凑者质感柔软，株型较疏松者质感较粗。

（2）光线变化的影响

光线强弱和照射角度会影响植物的质感。强光使明暗对比加强，质感变得粗糙；反之，柔和的光线使明暗对比减弱，质感趋于精细。

（3）观赏距离的影响

观赏距离不同，植物质感给人的视觉感受是不一样的。通常25cm处是辨别植物质感的最佳视距，大于3m的距离就很难辨识植物的质感。当观赏距离较远时，粗质型植物更容易引起人们的注意，细质型植物则不易观察。

（4）季相变化的影响

在春、夏、秋植物有叶的季节，植物的质感首先取决于叶片的大小、形状、数量和排列；在冬季植物落叶的季节，植物的质感特征则更多地依赖于枝干的密度、粗细等。植物随季节产生的色彩变化会影响植物的质感，春季植物的新叶呈嫩绿色、鹅黄色，给人以轻盈、柔嫩的感觉；夏秋季植物的叶片呈现墨绿色、深绿色或红色等，给人以厚重、粗犷的感觉。

第三节 植物空间营造原理

空间是指人对物体存在形式的一种认知，涉及形状、大小、远近、深度、方位等。园林空间由地形、植物、建筑物、构筑物、水体、道路等要素限定，其营造的目的是为了给人们提供日常出行、休闲娱乐、交流活动、驻留休息等场所。《中国大百科全书》对园林空间的定义是：园林中以植物为主体，经过艺术布局组成适应园林功能要求和优化景观的空间环境。

一、植物空间的基本构成

构成植物空间的形态界定要素有底界面、垂直界面（立面）和顶界面。

1. 底界面

底界面是植物空间最基本的空间范围暗示，保证了空间视线与其周边环境的通透与连续，包括软底界面和硬底界面，如草坪和铺装。在植物空间营造中，常常用不同高度和种类的草坪、地被、低矮灌木形成的基面来暗示空间范围，表现形式有草坪、缀花草地、模纹花坛、花坛、花境、片植灌木等，如图3-40所示。

图 3-40　草坪、铺装形成的底界面

2. 垂直界面

垂直界面是园林植物形成空间中最重要的要素，具有明确的空间范围和强烈的空间围合感，其形成空间的作用明显强于基面。植物垂直界面有绿篱、树墙、树群、丛林、格栅和棚架等表现形式，创造了植物空间的边界，给予人们一种方向感，或是形成如建筑物中"套间"般的封闭空间，使游人产生"小中见大，别有洞天"之感。在垂直面上，植物通过树干及叶丛的组合变化影响空间的视觉感受，形成简单式垂直界面或者复合式垂直界面。

直立的树干形成支柱，并以暗示的方式来表达垂直分隔面。树枝分枝高度和叶子的疏密影响了空间围合的质感，树干越多越密，空间围合感越强。阔叶树种或者针叶树种树叶越浓密，营造的围合感越强。落叶植物的空间围合感，随着季节的变化而转变，夏季树叶浓密，形成较封闭的空间，隔离效果好；冬季落叶后，封闭感减弱，人们的视线能延伸到所限定的空间范围以外的地方（图3-41）。

图3-41　两侧茂密植物形成的垂直界面

3. 顶界面

顶界面是利用植物枝叶，形成犹如建筑室内空间的天花板，当树冠枝叶相互覆盖，遮蔽阳光时，其封闭感最强烈。单独或成丛的树木、攀缘植物结合的棚架、绿廊等也能创造植物空间的顶界面。顶界面的特征与季节、枝叶密度、分枝点高度以及种植形式密切相关，并且存在着空间感的变化。夏季枝叶繁茂，遮阴蔽日，封闭感最强烈，而冬季落叶植物则以枝条组成覆盖面，视线通透，封闭感最弱（图3-42）。

图 3-42　林下空间形成的顶界面

二、植物空间的特征

植物作为构成空间的材料与其他建筑材料具有显著不同的特征。植物是有生命的材料，处于不断生长的状态，随着季节的变化，空间也会发生变化，这是植物空间与建筑空间存在的本质区别。因此，植物空间的营造既遵循空间营造的一般规律，又具有其独特性。

其一是空间的复杂性、不确定性与流动性。植物随着时间的推移和季节的变化生长、发育到成熟的生命周期，形成了在叶片、花朵、枝条、株型等颜色和形态上的变化，构成了四个不同的季节变化。植物的季相变化丰富了景观空间的组成，为人们提供了各种可选择的空间类型。

其二是多变性，包括空间尺度和空间形态的变化。落叶植物围合空间时，围合程度随着季节的变化而变化。春天到夏天，枝繁叶茂的树形成一个封闭的空间；秋冬季节，伴随着植物叶片的凋零，人的视线可以突破限制，逐渐延伸到外部空间。植物营造的是一种动态的、富有生命力的空间。

其三是空间内外的通透性。植物的空间由枝干和树叶构成，边界疏密有致，具有穿透性，部分光线、气流以及声音等都能轻易在空间内外交流，使空间的独立性和相互间的连通性增强。

三、植物空间的类型

在运用植物构建景观空间时，首先应明确空间的需求和性质，是开放的还是封闭的，是安静的还是活泼的，等等，然后才能选取符合形成空间需求的植物。按空间的围合程度，一般将空间分为开敞空间、半开敞空间、覆盖空间、封闭空间和垂直空间五种类型。

1. 开敞空间

开敞空间是指在一个特定的区域范围内，人们的视线高出植物景观围合的空间。该空间的形式主要由基面和垂直分隔面来限定，仅用低矮的灌木和地被植物作为空间垂直分隔面，形成的空间具有开敞、外向、无私密性的特点。身处其中，人们由于视线开阔、心情舒畅而容易放松心情，获得满足感，有利于公共活动的开展。这类空间由于私密性较差，不适于较为私人的活动。在景观设计中，常用草坪、一二年生草本花卉、地被植物、矮绿篱等营造开敞空间，如图3-43、图3-44所示。

图 3-43 低矮的灌木和地被植物形成开敞空间示意

图 3-44 低矮的地被与花卉形成开敞空间

2. 半开敞空间

半开敞空间是指四周并不完全开敞，空间的一面或多面受到较高植物的封闭，一定程度上限制视线通透、阻隔人们视线的空间。半开敞空间是开敞空间向封闭空间的过渡，是园林中最多的空间类型。这种空间与开放空间有相似的特性，但开放程度较小，具有较为明确的方向性，可用于空间的指引，实现"障景"效果。在景观中，可以结合地形、山石和小品等景观元素与植物配置在一起来实现。封闭的那一面，使用乔木、灌木和草本植物三层配置模式，这样能够带来更好的生态效应，如图3-45和图3-46所示。

图 3-45　半开敞空间视线朝向开敞面示意

图 3-46　半开敞空间

3. 覆盖空间

　　植物形成的覆盖空间通常是指位于树冠与地面之间、利用冠大荫浓的乔木形成的一个顶部覆盖而四周开敞的空间。在此类空间中，植物无论是孤植或群植，均可以为人们提供足够大的活动空间和遮阴休息区。人的视线和行动不受限制，具有一定的隐蔽性和覆盖性，在竖向上给人强烈的心理暗示。此外，藤本或攀缘植物利用花架、拱门作为攀附的载体，也可以有效构成覆盖空间，如图3-47和图3-48所示。

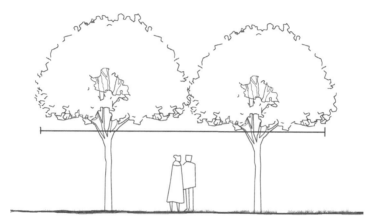

图 3-47　覆盖空间示意

图 3-48　乔木林下的覆盖空间

4. 垂直空间

由植物形成的垂直空间是指在垂直面被植物封闭起来，而顶平面开敞的景观空间类型。由于垂直空间两侧几乎完全封闭，视线的上方和前方较开敞，极易形成夹景效果。分枝点低、树冠紧密的小型和中型乔木形成的树列，高大的修剪整齐的绿篱，都可以构成一个垂直空间。这种空间只有上方是开放的，使人仰视，视线被引向空中，可以给人强烈的封闭感和隔离感，纪念花园中经常出现这种空间，使人产生庄严肃穆的心理感受，如图3-49和图3-50所示。

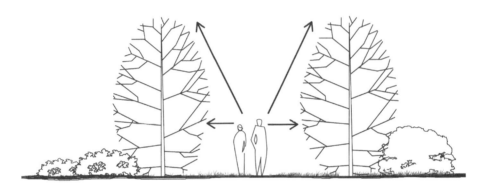

图3-49　垂直空间示意

图3-50　茂密植物形成的垂直空间

5. 封闭空间

这类空间由垂直面上的大乔木在竖向和顶面上形成密实的空间边界，同时由低矮、匍匐型的地被或灌木在水平面上围合，产生强烈的围合感和封闭感。这类空间无方向性和指引性，空间形象十分突出，具有极强的隐蔽性和隔离感。在风景名胜区、森林公园或植物园中最为常见。这种植物空间具有最复杂的群落结构、丰富的植物物种和明显的生态效益，如图3-51和图3-52所示。

图3-51 封闭的林下空间

图3-52 芭蕉和乔灌木形成封闭的林下空间

四、植物空间序列的组织与形成

单个空间包含大小、尺度、封闭性、构成方式、构成要素的特性（形态、色彩、质感），以及空间所表达的意义或所具有的性格等内容。多个空间的处理应以空间对比、渗透、序列等关系为主。空间的对比是丰富空间关系、形成空间变化的重要手段。当两个存在明显差异的空间布置在一起，大小、明暗、动静、纵深与广阔、简洁与丰富等特征对比，使得特征更加突出。没有对比就没有参照，空间就会单调，索然无趣。如将小而幽暗的空间与开敞的大空间安排在同一序列中，两者就会产生强烈对比。

当将一系列空间组织在一起时，应考虑空间整体序列关系。通过空间对比、渗透、引导，从而创造富有性格的空间。在组织空间、安排序列时，应注意起承转合，使空间发展有一个完整构思。

1. 植物空间序列的组织

植物是组成景观空间的重要素材。空间序列是指按一定的流线关系组织空间的起、承、开、合等转折变化。空间序列的组织是否合理，关系到全园景观的整体布局。空间序列既要有起景、高潮、结景空间，又需配转折、过渡空间，使空间主次分明，开、闭、聚适当，大小尺度相宜。

2. 植物空间序列的形成

（1）植物自身形成空间序列

植物除了能创造空间外，也能构成相互联系的空间序列。铺满藤蔓的廊架、一片密林，就像一扇门、一道墙，引导游人在不同空间中穿梭，如图3-53所示。

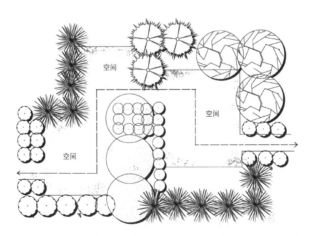

图 3-53 　植物以建筑方式构成和连接空间序列

（2）与园林要素组合形成空间序列

　　植物不仅自身能够形成各种空间，构成空间序列，还能与起伏的地形、曲直的道路、自然的驳岸等园林要素组合，分割和完善空间。根据空间功能、观赏点变化，采用时断时续、变化多样的组合方式，围合成大小不一、层次分明、张合有度的各类空间。与建筑物搭配时，植物可以延续、完善已形成的空间范围和布局，并让空间更为柔和，更具亲和力，形成刚柔相济的舒适宜人空间，如图3-54所示。

图3-54　道路与植物围合组织空间

（3）空间序列的转换方式

　　在形成空间序列时，植物通过障景和空间隔离两种方式来实现空间的转换。障景是指能控制视线又能引起空间转折的屏障景物，植物作为障景阻碍视线外延，将所需的美景尽收眼底，其他事物被阻挡于视线之外。

　　空间隔离是利用植物高度进行围合，并产生空间。空间隔离的程度，受植物种类、大小以及人所处位置的影响。高度为1.2m的植物，会让游人身体的大部分被遮蔽，产生安全感；当植物的高度达到1.5m时，一般人除头部外，身体都被遮挡，空间产生一定的私密性；如果植物的高度超过1.8m，人几乎被完全遮挡，则空间的私密感最强（图3-55、图3-56）。

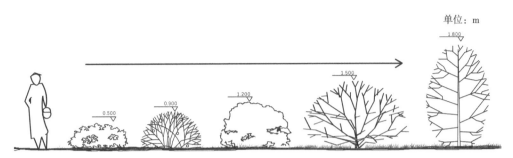

图 3-55 不同高度植物空间围合效果

图 3-56 绿篱围合空间

由于植物的特殊性，利用植物进行空间组合要考虑其随时间变化的程度，表现出更多的灵活性、复杂性和延续性。因此，运用植物要素形成空间序列要比其他景观要素的运用更加难以控制。

第四节 季相变化原理

植物季相变化是指植物受气候和地理位置的影响，随着季节变化而表现出不同的景观效果，通常指植物在色彩上的变化和所构成的空间差异。前者如叶子、花朵和果实在色彩上的变化而产生的不同视觉效果，如秋季的胡杨林、冬季的白桦林等，既给人季节更替的提示，又给植物景观烙上了浓郁的地域风情。后者主要指落叶植物在冬季落叶后，使得空间大小、空间形式、围合程度、质感等都发生了剧烈的变化。在植物景观营造时，要善于利用落叶植物的这种变化特点，形成丰富多彩的植物景观，如图3-57～图3-62所示。

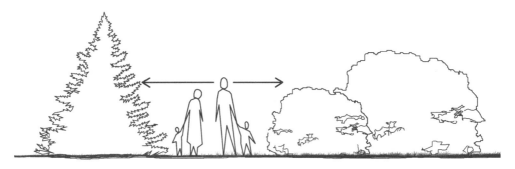

图 3-57　夏季空间封闭视线内向

图 3-58　冬季空间开敞，视线透出空间

图 3-59　春季漂亮的道路植物景观

图 3-60　夏季清凉的森林植物景观

图 3-61　秋季绚丽的森林植物景观

图 3-62　冬季萧条的河流植物景观

第四章 园林植物景观设计原则与技法

第一节 园林植物景观设计基本原则

一、经济性原则

园林植物景观设计以创造生态效益、经济效益和社会效益为目标，但并不意味着可以无限利用和投入，必须遵从经济性原则。植物景观设计要在节约成本、方便管理的基础上，以最少的投入获得最大的生态效益和社会效益，改善城市环境，提高城市居民生活的质量，从而达到增加经济效益的结果。

在植物景观营造时，首先要选用成本较低、观赏价值较高、资源丰富的乡土植物；其次，应该构建耐粗放管理的植物群落，降低养护成本；最后，还应合理利用人工群落与野生植被，营造既具有郊野气息，又能克服荒芜感的地域特色景观，形成节水、节药、节肥、低能耗、低修剪、低成本、绿色低碳的植物景观。

二、美观性原则

营造园林植物景观时，在满足城市绿地实用功能的基础上，还应按照美的形式法则配置植物，给人以美的享受。在选择和配置植物时要注意以下几个方面：

① 确定总体基调植物以及各功能区的主调植物和搭配方式，确保植物景观统一协调；

② 选择在形、色、味等方面效果较好的植物，满足游客五感需求；

③ 运用多种组合方式，使植物在平面上错落有致，立面上参差起伏，形成有节奏韵律的空间；

④ 巧借植物的姿态、颜色、香气、声韵之美营造出寄情于景和触景生情的意境；

⑤ 通过合理搭配形成四季景观，并兼顾多年后的景观效果。

三、多样性原则

多样性原则包含了植物种类多样性、植物景观多样性、植物生境多样性和植物功能多样性等多个层面。

植物种类多样性是城市生物多样性的重要组成部分，是维持城市生态安全的关键。植物为城市其他生物包括人类的生存和发展提供了物质环境条件，是城市其他生物重要的栖息地，是生物流动和能量交换的场所。研究表明，简单的植物群落比较脆弱，容易遭受外界环境的侵扰，自我修复能力较差，生态系统不稳定。植物景观的多样性是指因地制宜地选择单层、复层和多层的植物组合，形成丰富多彩、形式多样的植物景观效果。植物生境多样性是指植物生存环境的多样性，不同的生境形成不一样的景观效果。植物功能多样性是指在植物营造时，充分利用植物的特性，满足生态功能、空间功能、保健功能、感官功能、环境功能和文化功能等多功能需求。

四、生态性原则

植物景观营造应充分考虑植物的生态位，合理选配植物种类，形成结构合理、功能健全、种群稳定的复层群落结构；应把握好植物与植物之间、植物与其他生物之间的关系，这样才能建造出关系协调、生态平衡、环境优美的舒适空间；应因地制宜，适地种树，系统考虑温度、水分、阳光、土壤、大气等自然环境因素，形成稳定可持续的生态系统。

五、乡土性原则

乡土植物是指原产于本地区，或因为长期引种，其生态习性已经完全适应本地区气候和生态环境、生长良好的植物。在一般情况下，乡土树种能快速适应本地气候环境，与当地景观相协调，彰显本地特色，同时也能够充分保障苗木的来源。乡土植物有以下优点。

① 适应性强。能够更好地适应当地的自然环境条件，抗污染、抗病虫害能力强，养护粗放，可达到节水、节药、节肥、低修剪、低成本的植物景观营造模式。

② 代表性强。能够充分体现当地的植物区系特色，代表了地带性植物特有的自然风貌。

③ 文化性强。乡土植物在本地的应用历史较长，被赋予了典故和传说，有浓厚的文化气息。

六、速生与慢生搭配

速生树种短期内可以形成较好的景观效果，但寿命较短，衰老较快。慢生树种生长较慢，成林较慢，景观见效慢，但寿命较长。两种植物优势互补，因此应合理选择，搭配使用。

七、常绿与落叶结合

在我国，大部分地区夏季炎热，阳光充足，冬季寒冷，光线较差。因此，园林景观要保证夏季遮阴降温，冬季透光增温。落叶植物是较好的选择，但为了使冬季依然有绿色植物，应保持一定数量的常绿植物，因此，在设计时应注意常绿植物与落叶植物相结合，比如成都市常绿与落叶植物的比例一般为4:6、5:5、6:4。

第二节　园林植物表现技法

本节内容的依据为2015年9月实施的《风景园林制图标准》（CJJ/T 67—2015）。园林植物景观设计的表达主要通过种植设计表现图、种植平面图以及必要的施工图来完成，设计师应掌握基本的园林植物表现技法。

一、乔木表现技法

1. 平面表现

一般来说，乔木的平面表示可以先以树干位置为圆心、树冠平均半径为半径做圆，再加以表现。平面标识方法可以分为轮廓法、分枝法、质感法。不同类别的植物也可用相应的图例来绘制。

（1）轮廓法

确定种植点，绘制树木平面投影的外轮廓，可以是圆，也可以带有棱角或者凹缺。

（2）分枝法

确定种植点，绘制树干和枝条的水平投影，用粗细不同的线条表现树木的枝干。

（3）质感法

在枝干型的基础上添加植物叶丛的投影，可以利用线条或者圆点表现枝叶的质感，如图4-1所示。

（a）轮廓法　　　　　（b）分枝法　　　　　（c）质感法

图4-1　乔木平面表现图例一

图4-2提供了一些乔木平面图例的不同表现方法。

图4-2 乔木平面表现图例二

2. 立面表现

乔木的立面表现方法也分为轮廓法、分枝法、质感法等，或多种手法混合，并不十分严格。整个风格有写实型与图案型两种，可稍加变化，但应与树木平面和整个画面风格相一致，如图4-3所示。

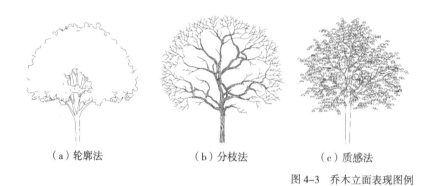

（a）轮廓法　　　　　　（b）分枝法　　　　　　（c）质感法

图4-3　乔木立面表现图例

图4-4、图4-5提供了一些乔木立面图例的不同表现方法。

图4-4　写实型乔木立面图例

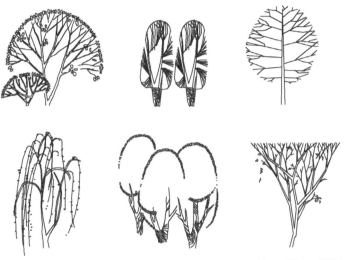

图 4-5 图案型乔木立面图例

3. 立体效果表现

（1）枝干的表现

树形是否优美取决于枝干的形式，每一类树种的树干穿插组合形式都有所不同。在处理时应当枝干交接，互相穿插，斜伸直展，疏密相间，前后有别。近景树枝干要适当表现出体积，主要通过线条或颜色来塑造阴影关系。对树的根脚一般不做细致处理，使其向下逐渐消失，以增幽深效果，或以花草、灌木遮盖也可增加变化，如图4-6所示。

图 4-6 树干表现图例

（2）叶片的表现

树冠由叶片构成并且一定要有空隙，在效果图中需要做到疏密有致。空隙的形状、大小、间距要有所差别，否则会显得死板呆滞。近景树可以画出叶的具体形状，但也是概括的画法，如用不规则的自由短线来表现，树叶不必太具象。中景树则可只有表现树冠体积感的轮廓，用深色或排线表现阴影关系和体积。远景树往往只有轮廓，没有具体树叶形状，如图4-7所示。

图4-7 叶片表现图例

二、灌木表现技法

1. 平面表现

灌木没有明显的主干，平面形状有曲有直。自然式栽植灌木丛的平面形状多不规则，修剪的灌木和绿篱的平面形状多为规则或不规则但平滑的。通常修剪规整的灌木可用轮廓法、分枝法表示，不规则形状的灌木平面宜用轮廓法和质感法表示，如图4-8所示。

图 4-8　灌木平面表现图例

2. 立面表现

灌木的立面或立体效果的表现方法也与乔木相同，只不过灌木一般无主干，分枝点较低，体量较小，绘制的时候应该抓住每一品种的特点加以描绘，如图 4-9 所示。

图 4-9　灌木立面表现图例

三、草坪表现技法

草坪的表示方法很多，这里重点介绍一些主要的平面表示方法。

（1）打点法

打点法是一种较为简单的表示方法，利用小圆点的排列表示草坪，点的大小应基本一致，在树木、道路、建筑物的边缘或者水体边缘的圆点应适当加密。

（2）小短线法

将小短线排列成行可用来表示草坪，排列不规整时可以表示管理粗放的草坪。

（3）线段排列法

线段排列法是最常用的方法，要求线段排列整齐，行间有重叠，也可稍许留些空白或行间留白，如图4-10所示。

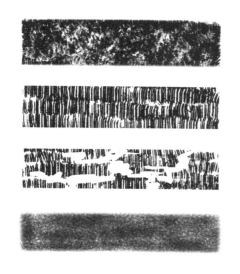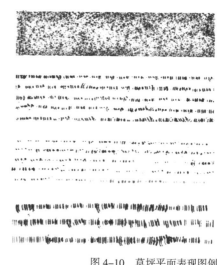

图4-10 草坪平面表现图例

第三节 园林植物设计构图技法

植物平面图是指植物冠层在平面上的投影。平面图反映了群落与群落之间的空间组织及群落内植物在水平方向上的疏密与前后关系。植物作为景观构图的基本单元，通过组合可以形成良好的空间秩序。

一、规则式植物配置

规则式植物平面图相对简单，乔木和大灌木主要采用孤植、对植、列植和环植等方式，小灌木多采用球形、柱形、塔形或整形绿篱，构成规则的几何图形。

1. 孤植的平面布置

孤植树是在园林景观中单独栽植的乔木，是景观主体、视觉焦点，在景观中起到画龙点睛的作用，可将天空、水面、草地等作为背景，以突出孤植树在形体、姿态、色彩方面的特色。广义的孤植可为一株或多株植物聚集，宛如一株多杆丛生的大树，可形成枝叶繁茂、雄伟的感觉。设计孤植树时要考虑空间尺度和视觉最佳观赏点。在较大尺度空间中，如大草坪等，孤植树往往选择体形高大、枝叶茂密、姿态优美的乔木，如银杏、槐树、香樟、悬铃木等，如图4-11所示。

图4-11　大草坪上孤植的元宝枫

在小尺度的场地中，为了空间通透，不宜选择桂花等枝叶浓密、通透性差的乔木，宜选择冠形疏朗大气、简洁明快、枝叶飘逸的开花小乔木，如红枫、紫薇、樱花等。图4-12为营造的庭院景观，庭院中有长轴为20m、短轴为10m的椭圆静面水景，椭圆圆心位置栽植一棵高度约5.5m、冠幅约4m的孤植丛生紫薇作为主景，形成视线焦点。

图4-12　水景中孤植的丛生紫薇

2. 对植的平面布置

对植按照构图形式可分为对称式和非对称式两种方式。对称式对植是指选择两株或两丛规格、品种和样式基本一致的植物按照轴线关系对称设计，两树的连线与轴线垂直并被轴线等分，构图严谨，如图4-13、图4-14所示。

图 4-13 入口处对称式对植的乔木平面图

图 4-14 入口处对称式对植的乔木

非对称式对植是指两株或两丛植物在主轴线两侧按照非均衡式对称法则进行配置，形成左右均衡、相互呼应的状态，其构图灵活、生动。

对植多用于公园、建筑的出入口两旁或纪念物、蹬道台阶、桥头、园林小品两侧，可以烘托主景，也可以形成配景、夹景。对植往往选择外形整齐、美观、形态均匀的植物，如银杏、紫薇、龙爪槐等姿态优美的植物。

3. 列植的平面布置

行列式种植是指乔、灌木按一定的株行距成排种植，形成比较整齐而有气势的线性景观。这种模式形成整齐连续的空间界面，产生强烈的韵律感，构成统一、完整、连续的空间界面。行列式种植的植物既可以用单种植物，如乔木、灌木、绿篱，也可由多种植物组成。前者景观效果统一完整，但缺少变化；后者灵活多变、富于韵律，如图4-15所示。

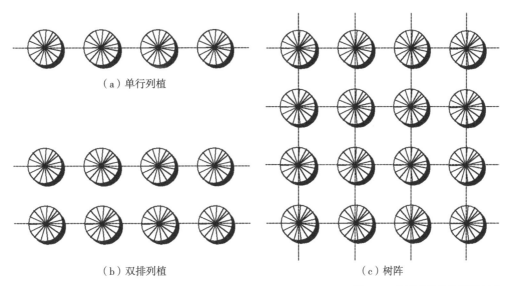

（a）单行列植

（b）双排列植

（c）树阵

图4-15　行列式种植的平面布局

由乔木构成的行列式种植常用于构筑视觉通道，形成夹道空间。如美国景观设计大师丹·凯利的米勒花园，利用道路两侧的刺槐列植效果，将人们的视线引向道路尽头的雕塑。行道树需要在满足荫蔽的同时，选择树干高、容易成活、生长快、适应城市环境、耐修剪的树种，建议选择胸径12cm、高8m、冠幅4m以上的乔木。

行列式种植的乔木可以形成矩形或方形的"树阵"，采用同种乔木、相同规格、相等株行距栽植，形成规整的林下活动空间和休息空间。我国大多数地区冬冷夏热，树阵广场的植物宜选择树形冠幅高大、无果实飞絮污染的落叶乔木，夏季遮阴，冬季落叶后，人们可以享受阳光的温暖，如栾树、榆树、黄葛树、黄连木、朴树等。乔木的林下高度建议4m以上，林下活动空间才不会过于压抑，如图4-16、图4-17所示。

4. 环植的平面布置

环植是植物沿着半圆环、圆环、多圆环等进行整齐、连续、有规律种植的模式。主要应用于环形水景、交通环岛、半环形的空间，既可以采用乔木、灌木、绿篱、花卉等单独类型，也可以多种植物按照规律进行组合，如图4-18～图4-20所示。

图 4-16　列植乔木形成的夹道空间

图 4-17　银杏形成的树阵广场空间

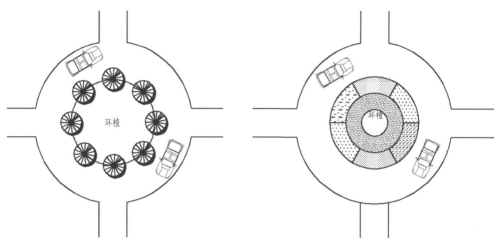

图 4-18 交通绿岛环植平面示意图

图 4-19 花卉、绿篱形成环植

图 4-20 花卉、绿篱、乔木形成环植

二、自然式植物配置

自然式植物配置是应用乔木、灌木或者地被，形成复杂多变、形式多样的组合图形。配置的目标是做到主次分明、构图统一，错落有致、层次丰富，开合有序、丰富多彩。

1. 丛植

丛植是指 2 株至 10 多株乔木、灌木按照不等株行距自然种植在绿地中，形成植物组团。自然式丛植的植物品种既可以相同，也可以不同，植物的大小、高度要有所差异，按照美学原则进行植物组合搭配。在设计时，丛植植物配置不仅要考虑个体美，也要考虑群体美，还要满足植物的生长需要。因此，植物之间的距离应适当小于两树冠半径之和，使树冠相互搭接，以便形成一个整体。自然式丛植的植物配置遵循中国传统绘画理论，明代画家龚贤对园林植物配置进行了描述，孙筱祥先生在《园林艺术及园林设计》著作中也进行了详细阐述。

（1）两株植物配置

两株植物配置一般用于小尺度的场景，如庭院景观等。从构图来说，应符合多样统一的基本原理，即两株植物既要有相似性，又要有差异性。如果两株不同品种的植物差异过大，就会导致缺少统一感，如一株笔直的银杏与一株异形的龙爪槐配置。如果选择同一品种植物，则应在姿态、动势、大小上有较大差异，才能使构图生动活泼，如图4-21所示。

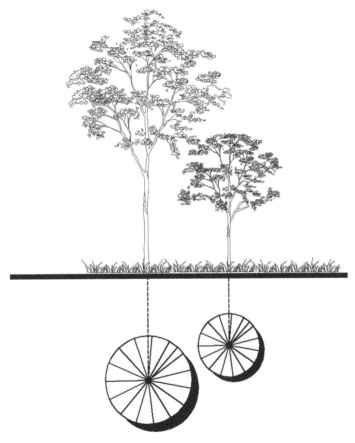

图 4-21　两株植物常见的配置形式

（2）三株植物配置

一般来说，三株植物配置最好是同一树种，姿态、大小有对比和差异，但又不能差异过于悬殊。如果采用不同的树种，最好同为常绿乔木、落叶乔木、常绿灌木、落叶灌木等，形成统一，如图4-22所示。

在配置时，三株植物形成不等边三角形，主要有两种模式：

① 三株植物为同一树种，最大与最小的靠近组成一组，中等大小的要远离自成一组，两小组动势呼应，构图衔接，主次分明。

② 三株植物为不同树种，则大、中为一种植物，小的为另外一种，才能统一。

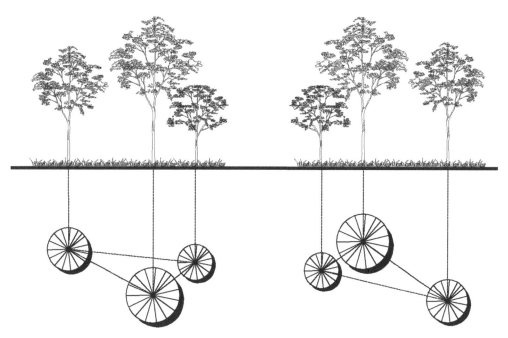

图 4-22 三株植物配置的常用形式

三株植物应避免配置成图4-23所示形式。

① 三株植物在一条直线上；

② 三株植物呈等边三角形；

③ 三株植物大小、姿态相同；

④ 三株植物中最大的成一组，其他两株成一组，构图过于机械。

（3）四株植物配置

四株植物的配置，最好为同一树种，或者最多应用两种不同树种，且必须同为乔木或者灌木，原则上不建议乔灌木组合。树种一致时，最好采用姿态、大小、高矮有对比和差异的树，且每两株植物之间的距离不同。

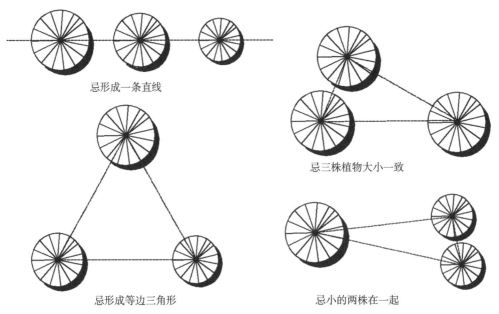

忌形成一条直线

忌三株植物大小一致

忌形成等边三角形

忌小的两株在一起

图 4-23　三株植物配置避讳的形式

　　同种植物配置时，四株植物分成 2 组，按照 3∶1 组合，不能按照 2∶2 组合。最大、最小的植物不单独成组，四株植物之间要形成不等边三角形，或者不等角、不等边的四边形，栽植点的标高最好有变化。不同植物配置时，三株为同一树种，另外一株为植株大小中等的树种，且不应单独成组，否则就不能形成整体，如图 4-24 所示。

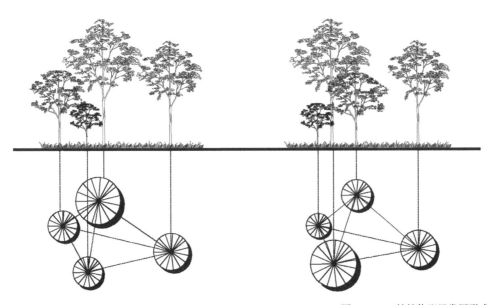

图 4-24　四株植物配置常用形式

四株植物应避免配置成图4-25所示形式。

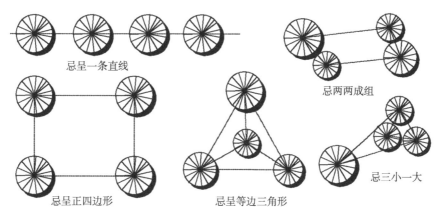

忌呈一条直线

忌两两成组

忌呈正四边形

忌呈等边三角形

忌三小一大

图4-25　四株植物配置避讳的形式

忌讳呈正方形、直线形、等边三角形，忌讳两两分组、一大三小、一小三大、树木大小一致。如果是不同树种，忌讳三株同种树靠拢，另一株单独。

（4）五株植物配置

五株植物的配置可以将五株植物分成两组，分别是3：2或者4：1的模式。同种树种配置，可以同为乔木、灌木、常绿或落叶，每棵树的姿态、大小、高矮有对比和差异。同种树种采用3：2分组模式，最大的主树应在三株组合中，不应将最小两株放在一组。不同树种采用3：2分组模式，三株为一种，另外两株为一种，两株的植物分别在两组中。同种树种采用4：1的模式，最大和最小植物不能单独成组，不同树种不宜采用4：1的模式，如图4-26所示。

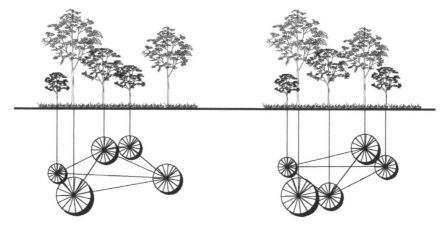

图4-26　五株植物配置常用形式

（5）六株及以上植物配置

六株植物配置，可以分为4：2或3：3的组合模式，同为乔木或者灌木，不宜采用3：3组合，乔灌木搭配则可。4：2组合模式，其中四株可以采用3：1的模式，六株植物的树丛，树种不要超过3种。六株以上的植物配置，一般以两株、三株、四株和五株树丛配置为基础，相互组合而成。七株树丛，理想组合为5：2或4：3，树种不宜超过3种；八株植物的树丛，理想组合为5：3或6：2，树种不宜超过4种；九株植物的树丛，理想组合是7：2、6：3或5：4，树种不宜超过4种。十五株以下植物的树丛，树种不宜超过5种，如图4-27所示。

图4-27 六株及以上植物配置常用形式

2. 群植

群植是由一种或多种树木进行混合栽植，形成"树林"的效果。群植所用植物的数量较多，一般为20～30株以上，其数量取决于空间大小、观赏效果等因素。群植主要是考虑群体美，并不突出单株植物的个体美，如林冠美、林缘美和层次美，因此对植物的选型要求不高。群植既可以为单一树种形成的单纯树群，也可以为多种树种组成的混交树群。

3. 带植（带状树群）

自然式林带就是带状的树群，树群平面投影的纵轴和横轴比例一般为1：4以上（图4-28）。

图 4-28　红松林带

4. 林植

当树群的面积、数量足够大时即为林植。林植分为纯林和混交林。纯林由一种植物组成，因此整体性强，壮观、大气，如成片栽植的桃花，开花时节，远观花海，效果极佳（图 4-29）。混交林是由两种以上的树种成片栽植而成。与纯林相比，混交林的生物多样性较为丰富。按照栽植密度，林植可划分为密林和疏林。郁闭度在 70% 以上的树林称为密林，郁闭度为 40%~60% 的为疏林。

图 4-29　桃花林

三、林缘线

林缘是森林和草地或灌木群落之间的交错过渡地带。由于边缘效应，林缘的生态环境发生了剧烈变化，植物种类丰富，群落结构复杂，色彩丰富，景观形态变化多端。林缘线是乔木、灌木、花境和地被等植物冠幅边缘垂直投影于地面的连接线，是植物景观在平面的反映。林缘线是植物划分空间的重要手段，影响空间大小与开合、疏密节奏、景深、透视线的开辟，也是增强景观氛围的重要手段。

以林缘为投影边界的凹形空间中，由于三面围合使得光照条件相对较差，且植物退后导致视距增加，应适当减少林缘的灌木和花境种类与层次，取得较好的统一感。在凸形空间中，一方面光照条件优越，另一方面植物靠前，可适当增加灌木、花境的种类、密度，丰富植物景观层次。

林缘按照下层灌木或花卉平面构图可分为规则式和自然式，规则式片植灌木或花卉品种较为单一，边缘修剪整齐，凸显植物统一感（图4-30）。自然式灌木或花境边缘自然过渡，品种较为丰富，展现植物自然美。（图4-31）为了形成优美的植物景观效果，林缘处植物选择要求形态优美、生长健壮、种植密度高。

图4-30　整齐地被形成规则式植物林缘

图 4-31　花境形成自然式植物林缘

四、林冠线

林冠是指植物群落中互相连接在一起的树冠的总体。林冠线是树冠与天空的交界线，林冠线的设计是将群落中树冠的位置进行前后、上下和左右的有机组合，形成优美的轮廓线。林冠线是植物群落垂直界面上最具美感的景观，也是打破建筑单调和呆板的有效方式。不同树种组成的林冠线轮廓艺术效果差异很大，如塔形、柱形、球形、垂枝形等不同树形的植物，构成对比强烈、层次变化丰富的林冠线；不同高度的相似树形的植物，构成变化适中相对柔和的林冠线；利用地形高差变化，布置不同树形的植物，获得高低不同、过渡自然、形态优美的林冠线。

林冠线的高低变化影响游人的空间感觉。高于人眼的林冠线有封闭、围合或者阻挡的作用，低于人眼的林冠线则会形成开阔的空间感。高大的乔木限定了植物立面空间的闭合度，而低矮的灌木、小乔、地被植物限定了空间的边界，如图4-32所示。

林冠线可由混合林式或纯林式两种类型的植物群落营造。混合林式群落利用不同冠形的乔木在轮廓线上的对比调和，通过错落有致的位置来创造优美的林冠线。如利用乔木不同的树形、冠幅、高度，塑造具有韵律和富于变化的林冠线（图4-33）；利用疏密结合、错落有致的种植方法，使乔木、灌木共同营造起伏变化的林冠线；利用微地形变化，形成高低变化的林冠线。纯林式植物群落结合微地形高差的变化，也可以塑造起伏变化的林冠线。在地形最高处种植高大的乔木，坡地下缘则种植较低矮的灌木，使植物景观层次更加明显，可以营造出高低起伏、变化大的林冠线；利用高矮不一的植物，结合高低起伏的地形，可以创造起伏变化的林冠线。

图 4-32 相似树形、变化适中的林冠线

图 4-33 不同树形、冠幅、高度对比强烈、层次变化丰富的林冠线

五、植物组团

植物组团（群落）是指在特定时空范围内，一定种类、数量和外貌结构的植物形成的具有特定功能的植物集合体，是进行植物景观设计的单元。植物组团垂直空间设

计是指根据植物高度，将不同植物按照空间位置和美学构图进行有序组合，从而体现植物层次间的尺度、疏密和空间关系。

植物景观设计时要将植物组团作为统一的群体，考虑植物种植的疏密和轮廓，通过植物围合营造出具有艺术性的林缘线和林冠线。在植物组团中，通过植物高低的不同，可以划分为3~5层，以形成具有节奏韵律的林缘线和林冠线。常见的有简约型组团、独立型组团、过渡型组团和复合型组团。

1. 简约型组团

简约型组团通常由1株小乔木+1株丛生灌木+2~3个球形灌木+地被植物组成，适宜较小的空间或角落，如图4-34、图4-35所示。

图 4-34　简约型组团

图 4-35　院落入口处的简约型组团

2. 独立型组团

独立型组团具有多个观赏面，独自成景，一般由1株大乔木+2~3株小乔木+2~3株灌木+3~5个灌木球组成，如图4-36、图4-37所示。

图 4-36 独立型组团

图 4-37 社区入口处的独立型组团

3. 过渡型组团

过渡型组团主要用于组团与组团之间的过渡，用过渡色或过渡形态，植物组团要相对简洁，如图4-38、图4-39所示。

图 4-38 过渡型组团

图 4-39 中间小组团是两侧大组团的过渡

4. 复合型组团

复合型组团由多个组团共同组合而成，一般有2~3个视觉焦点。上层多用乔木，利用高大的主干形成支撑，作为场地的骨架，营造空间安全感或满足障景的需要，增加人们的停留时间，适宜用在安静休憩区或障景营造的区域中。中层通常用常绿小乔木、开花小乔木、彩叶小乔木，形成视觉焦点。中下层常用常绿灌木，具有遮挡或引导视线的功能，同时增加空间绿量，适合在各种植物景观空间中使用。下层一般由草坪、地被植物、低矮花卉等组成，营造开阔的空间感，适合动态赏景区域使用，烘托气氛，给人一种开朗、愉快的心理感受。高大的植物限制了立面空间的闭合度，低矮的植物界定了空间的边界，层层组合，形成的植物景观林冠线高低错落，林缘线富有节奏和韵律，极具观赏价值，如图4-40、图4-41所示。

图4-40　复合型组团

图4-41　大乔木、中小乔木、灌木、地被、草坪组成的复合型组团

第五章
园林植物与景观要素

景观要素是指构成景观的各个部分，如地形、水体、建筑、道路、植物，以及社会文化等。在景观营造过程中，植物与地形、水体、建筑、道路等其他景观要素有机结合，共同构成优美的景观。

第一节　园林植物与地形

地形是指地球表面三维空间的起伏变化。根据形状、坡度和材料种类，可以将地形分为凹凸式地形、平坦式地形、微地形、斜坡式地形、台地式地形、垂直式地形和假山式地形等种类。

一、植物与凹凸式地形

植物与地形结合，能够强化或消减地形变化形成的空间。在凸地或山脊种植植物，能够明显增加地形凸起部分的高度，增强相邻凹地或谷地的空间封闭感。在凹地或谷地底部或者周围斜坡种植植物，能够消减或消除原有地形的空间感，如图5-1、图5-2所示。

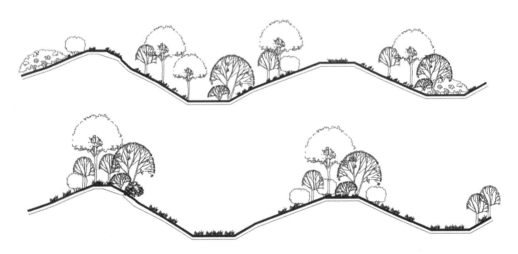

图 5-1　植物消减或增强地形的作用

图 5-2　植物强化道路空间感

二、植物与平坦式地形

平坦式地形一般是指坡度小于 5° 的地形。由于平坦式地形没有起伏变化，通常利用植物自身的高差、层次来营造不同的空间类型。在平坦式地形中，营建大面积的乔木与草坪组合景观是最常见的形式，如图5-3所示。

图 5-3　平坦式地形形成的大草坪空间

三、植物与微地形

微地形是指依照天然地貌或人为造出的像微小的丘陵似的地形，坡度一般为5°～20°，形态高低起伏较小，且富有韵律美。利用微地形可以形成阳坡、阴坡和半阳坡，可以构建多样的植物景观，形成优美林冠线。利用微地形和植物围合，可以划分和组织景观空间。通过道路两侧隆起的微地形和植物密林组合，可以形成在幽静的山林中漫步的意境。利用微地形营造疏林草地时，地形塑造需以平缓为主，连绵起伏，地形高差不大，植物以稀疏高大的乔木和草坪为主，如图5-4所示。

图5-4 植物与微地形

四、植物与斜坡式地形

斜坡式地形一般是地面线与水平面呈20°～40°夹角的地形，其多以单面式造景为主，多利用草坪与低矮灌木、小乔木组团，缓解柔化地形的影响。例如美国旧金山九曲花街全长180m，坡度约40°，以春天的绣球、夏天的玫瑰和秋天的菊花营造植物景观。花池可缓解坡度给游人带来的压力，如图5-5所示。此外，斜坡式地形也可以采用观赏草、固坡草坪与乔灌木组合形成植物景观。

图 5-5　斜坡式地形植物景观（旧金山九曲花街）

五、植物与台地式地形

　　台地式地形一般坡度为20°～45°。通常用低矮灌木、花境植物与台地组合，形成构图，植物打破并柔化台地的硬质界面，分割、丰富了空间类型。台地式地形常常与水景、植物组合成景。图5-6、图5-7为不同高度的台地式地形营建的植物景观。

图 5-6　较高台地式挡土墙植物景观

图 5-7　矮台地式挡土墙植物景观

六、植物与垂直式地形

常见的垂直式地形有高差较大的山地挡土墙、建筑墙面、高架桥桥柱等。利用攀缘植物、垂吊植物、高耸植物柔化坚硬的建筑墙体、岩壁、挡土墙等硬质界面带来的不适感，增添生机和情趣。常用植物有爬山虎、油麻藤等藤本植物，炮仗花、常春藤、凌霄花等垂吊植物，银杏、楠木、水杉等乔木。图5-8为攀缘植物形成的垂直式植物景观。

图 5-8　垂直式植物景观

七、植物与假山式地形

在中国传统园林中，假山常与瀑布、水池、植物等构成优美的山水画卷，王维在《山水论》中这样描述："山藉树而为衣，树藉山而为骨。树不可繁，要见山之秀丽；山不可乱，须显树之精神。"植物与假山搭配时，植物配置不宜多，不宜高，姿态虬曲或飘逸者最佳，可适当造型以衬托山体的峭拔。常用的植物有黑松、油松、罗汉松、红枫、南天竹、蕙兰、吊兰、水仙等。图5-9、图5-10为不同形式植物景观营建的假山式景观。

图 5-9　假山式挡土墙植物景观一

图 5-10　假山式挡土墙植物景观二

第二节 园林植物与水景

水景是构成园林景观的重要元素，带给游人美好的体验。按照水体的形式，水景可分为自然式水景和规则式水景。自然式水景的外形呈自然不规则状，主要有湖泊、水池、溪流、河流、瀑布等；规则式水景的边界及边缘区域规则，呈规则的几何轴线形态，主要有水池、水渠、喷（涌）泉、跌水等。混合式水景一般兼具自然式与规则式两种形态。

"园无草木，水无生机"阐明了园林中植物与水景的关系，植物借用水景展现其优美的姿态，水景也可以借助植物的姿态和色彩，加强水景自身的美感。植物不仅可以用优美的枝条软化水边驳岸，还有吸收有毒物质和净化水体的功能。

一、植物与自然式水景

1. 湖泊、水池与植物造景

湖泊的面积较大，气势宏大，周围以体量较大的乔灌木为主，以形态和色彩上的季节变化来强化水体的生气，把植物、水面、岸边、远山结合起来创造景观。如我国的杭州西湖、北京颐和园昆明湖，英国的谢菲尔德公园湖的植物景观等都非常著名。谢菲尔德公园湖岸边的植物色彩绚丽夺目，五彩缤纷，采用自然式群植方式，以松、云杉、柏等常绿植物为背景，突出春季的红色杜鹃花、粉红色的落新妇、黄色的鸢尾，夏季水中的红、白睡莲，四季金黄色叶的美洲花柏，春夏秋红色叶的红枫，随季节变化的落羽松、水杉等植物，如图5-11所示。

沿湖岸浅水向中心深水方向，依次种植挺水植物如菖蒲、鸢尾、芦苇、千屈菜、海芋、马蹄莲、再力花、梭鱼草、水葱、旱伞草，浮水植物如睡莲，漂浮植物如浮萍，沉水植物如金鱼藻、苦草、狐尾藻等，弥补水面的单调。水生植物的营造以一片一片群植为主，但不宜过满，以免破坏湖面的倒影和美感。

湖泊植物造景要兼顾驳岸的处理，如石矶驳岸，植物要稀疏，以突出石矶驳岸美感，又如自然草坡驳岸，或设置缀花的疏林草地，或设置层次丰富的密林。总之，要形成空间开合有序、高低错落、层次丰富、色彩分明、丰富多样、引人入胜的美景。

图 5-11　谢菲尔德自然式湖泊的植物景观

　　水池是面积较小的水体，是私家庭院、酒店花园、居住小区等小型空间中常见的景观元素。植物配置要结合主题，常突出个体姿态或利用植物分割水面，增加层次，如图 5-12 所示。

图 5-12　水池植物造景

2. 溪流与植物造景

溪流一般是指因地势高差所形成的带状的动态水景，常见的形式有小溪、水涧等。溪流既有人工建造的，也有天然形成的。其植物配置要营造氛围和意境，重点在于突出野趣，模拟自然界的景观。多用野生植物造景，枝叶茂盛，姿态不必整齐，枝干交错披拂，探向溪涧，如图5-13～图5-15所示。

图 5-13　溪流与植物造景一

图 5-14　溪流与植物造景二

图 5-15　小型瀑布与植物景观

3. 河流与植物造景

　　河流一般水面较宽、较长，可分为城市内河，如成都府南河、南京秦淮河、上海苏州河、深圳福田河等；以及自然河流，如长江等。河流边的植物造景要考虑岸边绿地的宽度，也要考虑驳岸的形式。总体而言，植物要沿岸边高低错落、疏密相间配置，使水面空间有宽窄变化，丰富视觉效果，做到步移景异，创造耐人寻味的意境。图 5-16 为自然河流形成的植物景观。

图 5-16　自然河流植物景观

二、植物与规则式水景

规则式水景主要有水池、水渠、喷（涌）泉和跌水等形式。水池和水渠等静态水体一般在欧式花园和居住区中较为常见，主要突出植物的个体美和静态美，营造环境的神秘感和高贵感。植物要突出姿态优美，轻盈飘逸，如红枫、合欢、樱花等。

喷（涌）泉和跌水等动态水体在景区大门、街头空间、商业广场等人流较多的空间中较为常见，特点是营造热闹气氛。植物用来烘托主题，配置简洁，可完善构图，常用整形的灌木和一二年生花卉等。图5-17、图5-18为规则式水景中的植物配置。

图 5-17　欧式水景与规则式植物配置

图 5-18　欧式水景与自然式植物配置

第三节　园林植物与建（构）筑物

　　广义的建筑包括房屋和构筑物。园林建筑一般是指在风景区、城乡绿地等区域内供人们欣赏、游憩、驻留的建筑物，常见的形式有亭、台、楼、阁、轩、舫、廊等。园林构筑物主要包括大门、景墙、围墙、景桥、挡土墙、栏杆、座椅、坡道、台阶、平台、花池、雕塑小品、置石、标识牌、风井、采光井等。园林建（构）筑物是园林景观的重要组成部分，形式灵活多样。

　　植物作为软质景观，与建（构）筑物组成的硬质景观之间相互因借、互相补充，使景观具有画意，让景观形神兼备、生意盎然，形成一幅自然的、充满向往与憧憬的画卷。

一、植物突出建筑物主景

　　园林中常用植物对比衬托等手法，突出主景。如在建筑入口处，采用中轴对称的种植方式，强化突出建筑在构图中的主体地位。有时利用植物的背景、框景作用，突出主体建筑或构筑物（图5-19、图5-20）。

图 5-19　华盛顿纪念碑两侧的植物烘托强化主体建筑

图 5-20　两侧棕竹突出建筑主体

中国传统园林中有许多景点是以植物为命题突出建筑主题的，如拙政园中的"听雨轩""海棠春坞""荷风四面亭"等。

二、植物统一建筑的空间界面

许多城市街道的建筑形式、体量、色彩不一，空间界面较为凌乱，因此常常采用整齐的乔木，起到协调统一的作用，如图 5-21、图 5-22 所示。

图 5-21　植物统一建筑形式不一的街道界面

图 5-22　行道树天竺桂统一街道界面

三、植物软化柔化建筑立面

　　植物的枝条呈现自然的曲线，色彩柔和，可以软化建筑物的突出轮廓和生硬边界，使建筑与周边的环境更加协调、更加自然，如图5-23、图5-24所示。

图 5-23　植物软化柔化酒店建筑立面

图5-24　植物软化柔化古典建筑整体

四、植物延伸建筑空间水平构图

　　若建筑或构筑物单独置于空间中，则构图显得单调，画面枯燥，缺少与环境的联系。通过植物与建筑组合，一方面，植物景观可拓展空间，丰富构图；另一方面，植物的弯曲线条与建筑的平直线条相配，一动一静相得益彰；此外，植物的绿色与建筑色彩调和，可达到协调与均衡（图5-25～图5-27）。

图5-25　立面为矩形和三角形的植物延伸了建筑轮廓线

图 5-26　两侧植物景观使建筑空间向水平延伸

图 5-27　绿篱延伸了景墙空间

五、植物保障建筑物私密性

为保障建筑空间的私密性，常利用茂密的植物进行遮挡，形成较为私密的空间
（图5-28、图5-29）。对景观效果不佳的建筑物或者构筑物，如厕所、垃圾站、采光

井、变电箱等，也常利用植物隔离遮挡视线。此外，还可利用浓密的植物"绿墙"降低外部噪声对建筑室内的干扰。

图 5-28　常绿植物在任何季节都可以作为屏障

图 5-29　植物对建筑室内私人空间的遮挡作用

六、植物调节建筑小气候

在建筑物的西南、正西、西北侧种植高大乔木，可遮挡夏季中午及下午炎热的阳光，避免阳光直晒建筑，还能够降低温度。在建筑的西北侧种植常绿植物，可以阻挡冬季寒风，保持室内温暖，堪称"天然空调"（图 5-30～图 5-33）。

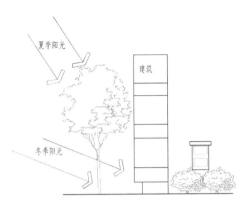

图 5-30　住宅南面利用高分枝点的落叶乔木遮阴

图 5-31　别墅建筑利用高分枝点的朴树遮阴

图 5-32　建筑西北面的常绿植物阻挡冬季寒风（平面示意）

图 5-33　建筑西北面的常绿植物阻挡冬季寒风

七、植物与景观小品相得益彰

植物与景观小品搭配是小场景空间常见的设计形式，可以让环境充满情趣。植物与景观小品在色彩、尺度、材料、形态等方面都应取得协调（图5-34～图5-37）。

图 5-34　植物与现代景观小品组合相得益彰

图 5-35　植物与罐钵组合，充满生活情趣

图 5-36　植物突出景观小品主题

图 5-37　植物与景石软硬协调

第四节　园林植物与园路

园路是园林中各种可供无轨车辆和行人通行的基础设施。园路是贯穿全园的重要元素，是景观的脉络，是联系各景区和景点的纽带，起着交通导游的作用。植物与园路组合，让沿路的景观序列与空间变化灵活。沿路形成的植物景观是贯穿全园风格的基调。

一、植物与主要园路

主要园路是指整个园区道路系统的主环路（主路），依据园区规模，一般宽度为

4~6m或3~4m。主路一般有规则式和自然式两种构图方式，两侧的绿地面积较宽，空间尺度较大。规则式的主路，植物景观要突出序列感、统一感。通常在道路两侧种植高大整齐的乡土乔木，乔木与道路形成林荫路的景观序列。自然式的主路植物景观营造，除了满足遮阴功能外，还要利用植物形态和高低变化构建优美的林冠线，利用林缘线大小开合创造多样的空间，应用色彩变化达到步移景异的效果，同时要考虑空间尺度和微地形变化，确定主景植物的最佳种植位置（图5-38、图5-39）。

图 5-38 华南植物园主路植物景观

图 5-39 公园主路植物景观

二、植物与次要园路和游憩小路

次要园路分布在各个景点之内，是连通主要园路的辅助道路，依据园区规模，一般宽度为2～4m。游憩小路将游人引导带至各个角落，主要服务游人，一般宽度为1.2～2m。次要园路和游憩小路的空间较为狭窄，与游人近距离接触。多采用自然式种植，一般先通过林缘线划分空间的尺度及植物组团的尺度，乔灌草结合，配置要丰富，保证人与植物、园路之间尺度关系融洽，植物体量宜人。常利用花卉、竹子、密林形成花径、竹径、林径等色彩丰富、景观怡人的小径（图5-40）。

图 5-40　怡人的鲜花小径

第六章 园林植物景观设计方法与程序

　　植物景观设计是风景园林专项设计，对其工作流程、内容、深度，以及方法的阐述，是为了减少植物设计工作的随意性，增加结果的可预判性，同时也可保障设计工作的系统性和有序性，从而提高工作效率和图纸质量。植物景观设计程序包括前期准备、方案设计、深化方案设计、施工图设计和现场调整全过程管理。由于绿地类型、尺度大小不一，因此工作内容和设计手法会有细微差异。园林植物景观设计基本流程见图6-1。

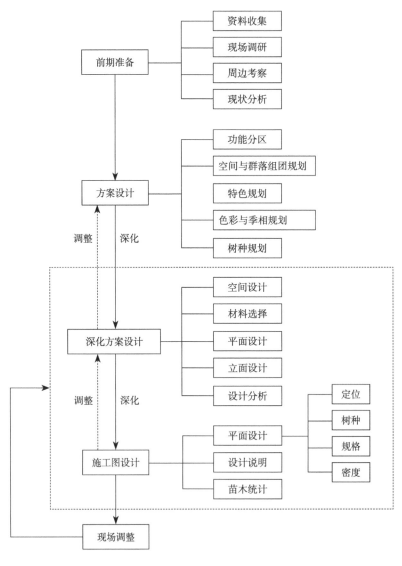

图6-1　园林植物景观设计基本流程

第一节　设计任务书的解读

设计任务书通常是指委托方（甲方）对工程项目设计提出的要求，是工程设计的主要依据和指示性文件。植物景观设计一般不单独下达任务书，而是风景园林设计的一部分。

1. 项目概况

项目概况主要是对该项目的所在位置、周边道路交通、周边环境、用地红线、设计面积和场地属性等做简要介绍。

2. 设计依据

① 依据设计任务书的相关规定；

② 甲方提供的规划图纸和文件；

③ 国家、行业和地方现行的与园林设计相关的规范、标准、规程。

3. 设计定位与主题

设计定位与主题由甲方在项目立项时确定。例如，某地产公司对项目的定位描述如下：项目紧临金马湖，水资源丰富，以西班牙风情为主题，充分利用项目独特水资源，营造高品质的景观社区，创造令人心动的生活方式，项目定位为中高端改善型住宅和别墅住宅。设计时要结合地域特色，对规划建筑条件进行综合考虑，体现项目景观特色，考虑周边楼盘景观的差异化，注重创新设计。

4. 设计基本要求

（1）成本控制要求

成本控制目标在立项时确定。例如，某地产公司对景观成本控制的描述如下：红线内景观造价控制在420元/m²内，植物景观造价控制在350元/m²。总体景观造价控制在400元/m²内，在成本总体不变的基础上，各区域景观的平均造价可以相互调整。

（2）工作内容要求

方案设计阶段应充分考虑景观效果，合理组织景观序列、参观节奏以及场地内的各种景观元素。完成景观主题、空间体系、景观序列、景观特征与亮点打造，完成场地布局、竖向关系、交通组织分析，确定景观要素的尺度，完成植物景观概念设计，确定植物造景原则、设计手法、空间关系，确定植物景观时序、色彩、组团类型，确定植物林冠线和林缘线，确定基调树种和骨干树种。

施工图设计在扩初设计基础上，提供可供招投标使用的施工图纸。植物景观包括植物总平面图，乔木、灌木、地被与草坪平面图（标明植物种类、株行距、栽植位置、栽植密度、苗木规格、数量），植物设计说明，植物选型图片。

施工现场设计管理与交付使用阶段，设计方需要全程参与设计 – 施工管理全过程，对景观总体效果全程把控与负责。

（3）设计成果要求

各阶段设计内容与深度均应满足国家规范、规定及项目任务书规定的设计标准、深度和效果要求。方案设计阶段完成景观设计估算，提交方案设计文本图册、光盘。施工图设计阶段提交工程量清单和景观设计预算，提交施工图设计蓝图、光盘。

（4）景观设计进度安排

一般根据甲方项目开发的进度调整景观设计的进度和节点。植物景观方案设计 ×× 天，施工图设计 ×× 天。

5. 其他

主要包括甲乙双方责任、设计费及付款方式、违约责任、设计服务等。

第二节　资料收集、现状调研与分析

一、资料收集

1. 场地信息

① 收集或绘制场地现状图，标注场地内植物、土壤、建筑、构筑物，以及场地周边道路、建筑、河流、植被等基本情况。

② 收集项目所在地区的气候类型和特点，如日照、极端温度、周年温度、降雨、季风风向等，以便确定植物种类。通常温度和水分是植物生长的限制性因子。

2. 图纸信息

① 收集地下管线图，如果是新建居住小区，则可以看小区地下管线施工图。

② 收集建筑与景观设计图纸。明确建筑风格、类型和高度，了解建筑外立面形

式和色彩、场地空间格局、道路系统和场地竖向、建筑室内与室外高差、场地与周边市政道路高差、车行和人行出入口位置、建筑单体首层平面图和剖面图。了解建筑入口、门窗、架空层情况，避免植物设计影响室内采光和通风。了解地下车库顶板下梁、柱位置，以及楼板荷载。了解建筑通风、采光井、垃圾站、变电箱的位置和施工图纸。

3. 使用者信息

了解主要的使用对象是谁，使用者的偏好性、生活习惯等。

二、现状调研与分析

现状调研与分析是对场地及周边信息收集和总结归纳的过程，是植物景观规划设计的基础，是指导植物景观立意的关键。设计师来场地调研时，应带上场地的底图（现状图、卫星图、地形图）。如果底图比较准确，设计师只需要核实。否则需要现场实测，对现状植物、水系、地形、道路、建筑、构筑物等进行测绘标注，并拍摄好照片。

下面以四川省成都市某居住区景观项目为例，展示现状调研与分析的具体内容。

1. 项目概况

场地位于四川成都，属于山地型项目，总设计面积为1090m²，其中建筑用地面积为75m²，景观面积为1015m²。建筑四层楼，高度约为12m，一楼有客厅、餐厅、茶厅、厨房、卫生间、卧室、衣帽间，前院与后院，二楼主要为卧室。建筑室内地坪标高为539.680m，后院标高为539.240m，前院入口标高为539.600m。景观分为院落内部和院落外部两部分，院内为私家花园展示区，院外为迎宾休闲展示区（图6-2）。

2. 项目定位

穿林寻心居，入苑观自然，近源查山水，云端林中憩。项目旨在营造一个自然与现代共生的环境。

3. 建筑解读

强调以功能为中心，讲究设计的科学性，重视工程实施时的方便性。形式上以简单的立面线条和架构为主，注重中性色彩计划与反装饰主义，极具时代特征（图6-3）。强调平面布局的构成感，保障了高空视点的艺术视觉。

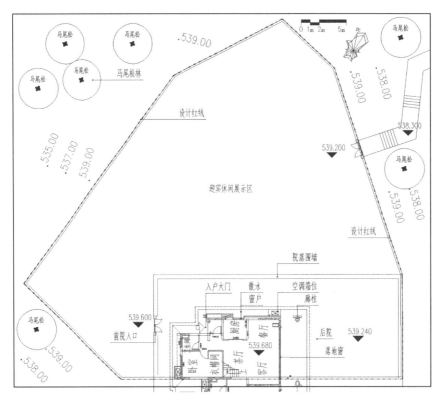

图6-2 场地现状平面图（单位：m）

图6-3 项目建筑立面形式

4. 现状分析内容

环境因素的现状分析是设计的基础和依据，涉及植物的选择、地形的塑造、景观的营造、空间的分布等。现状分析内容一般包括自然条件分析和管线分析等，如地形地貌、土壤、光照、植被、降雨、风、地下管线等，通常采用现状叠加法进行综合分析，具体可以应用CAD等软件实现（图6-4）。案例的设计场地位于山顶，场地现标高为539.300m，地形为山地，坡度为30%～50%，建设场地平整；土壤为黄红壤，酸性土；原生植物有马尾松、柏木、桤木、桉树等；山顶风较大，需要遮挡；建筑为现代风格，周边安静；视线良好，可以远眺。该场地作为售楼示范区，用于展示建筑及景观环境。

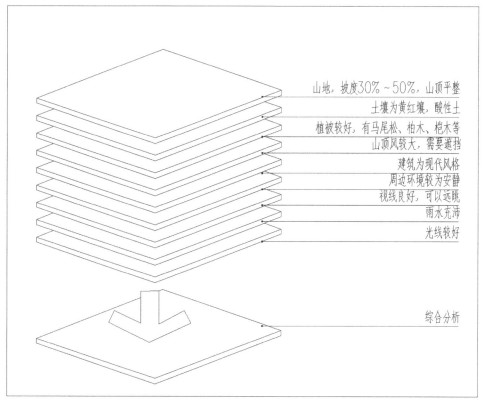

山地，坡度30%～50%，山顶平整
土壤为黄红壤，酸性土
植被较好，有马尾松、柏木、桤木等
山顶风较大，需要遮挡
建筑为现代风格
周边环境较为安静
视线良好，可以远眺
雨水充沛
光线较好

综合分析

图6-4 现状叠加法示意图

从光照分析可以看出，迎宾展示区和后院在春夏秋三季的早晨、中午都有较好的光照，在傍晚光照较差；两个区域冬季的光照都较差；在院落狭长过渡区域，光线长期较差（图6-5）。

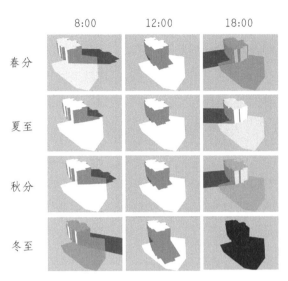

图6-5 场地光照分析图

5. 现状分析图

现状分析图是指将收集的资料以及现场调研的资料，利用设计符号和语言标注在现状图上，并对其进行综合分析与评价，图6-6是本案例的现状分析图。通过图纸可以了解场地的概况，更好地指导设计。

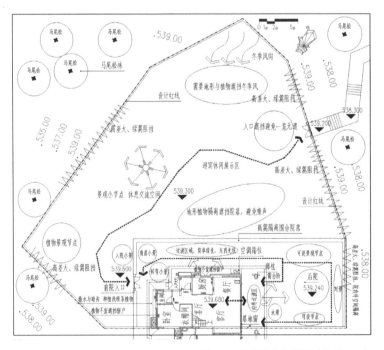

图6-6 现状综合分析图（单位：m）

第三节　植物景观方案设计

植物景观类型的选择与布局受到景观结构布局的影响，植物景观反过来影响景观设计的最终效果。在方案设计阶段，植物设计师要充分介入并参与景观设计，理解景观设计概念和景观氛围，理解局部场地空间中植物景观扮演的角色，积极提出基于场地特征的植物景观设计方案。

植物景观方案设计是对种植构思、种植风格的总体把握，是对植物种植层次、种植基本形式、主要植物种类的总体要求，对种植施工图设计具有指导作用。在实际工作中，景观设计与植物设计不能割裂。

一、功能分区规划

植物设计师应与景观设计师充分沟通，在设计时要形成与景观分区相协调的植物特色分区，各植物特色分区之间主题突出，有主有次，形成有序整体。植物景观功能分区应注意以下几点：一是要基于整体景观结构布局，二是要基于空间营造的氛围，三是要基于环境功能的需求，如遮阴、防止噪声、遮挡、软化建筑等，四是要符合空间的尺度，五是要符合景观美学。图6-7为本案例的功能分区规划图。

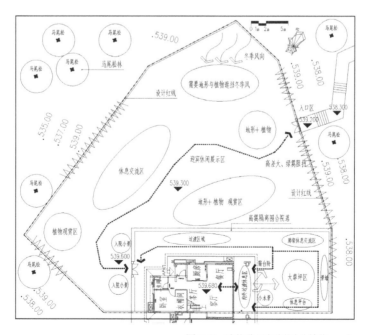

图6-7　功能分区规划图（单位：m）

二、空间与群落组团规划

依据功能分区规划，利用植物进行空间的组织，结合功能需求、场地特征，进行群落组团的规划。空间的形式、大小、开合、明暗、长短、色彩等需要依据使用者的需求进行设计（图6-8）。

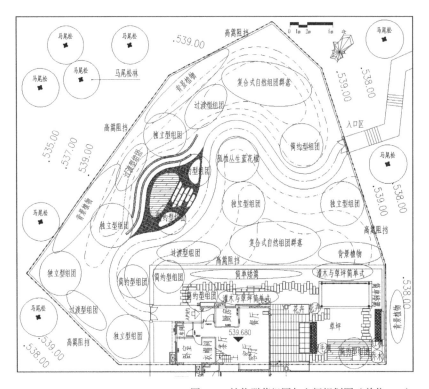

图 6-8 植物群落组团与空间规划图（单位：m）

三、季相与色彩规划

将植物不同的季相景观统筹在园林空间中，通过植物不同的季相景观特征强化空间中的季相变化。色彩以暖色、亮色为主，充分利用落叶乔木的春色叶、秋色叶，开花乔木的花色，常色叶植物，时令花卉等进行色彩设计。

四、苗木规划

苗木选择较为复杂，平衡造价与景观效果的关系需要丰富的经验。一般遵循先总体、后局部，先重点、后普通，先乔木、后灌木的原则。以景观风格、场地氛围营造为依据，优先考虑空间中重点或特殊部位的植物，如孤植树、对植树、列植树、行道树、入口树、交叉口树等。然后考虑基调树种、骨干树种，控制常绿与落叶植物的比例。最后，从植物观赏特性、苗木价格、采购难易、成活率高低、养护难易、业主的要求等方面综合考虑。

五、设计分析

1. 林缘、道路空间分析

林缘对道路两侧空间的形成具有显著影响，一般随着道路变化而相应改变。在入口处，为了避免一览无遗，增加场地神秘感，丰富景观层次，先以自然的林缘靠近道路，形成入口简洁的小空间。沿着道路峰回路转，规则式整齐的林缘随之退后，再利用花卉营造开敞热闹的大空间。经过简单过渡空间后，豁然开朗，营建了可以驻留的休闲大空间，随后进入狭窄过渡的小空间，转弯后进入明亮的大空间。院落门前利用花境营造小空间，进入院落后，沿着墙根形成狭长纵深空间，最后进入后院大空间（图6-9）。

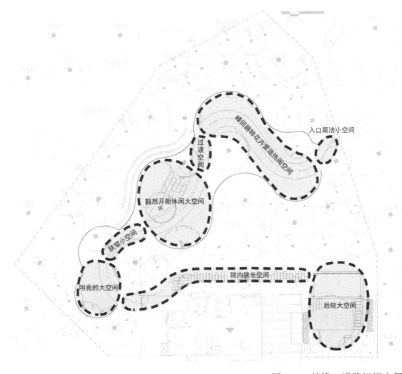

图6-9　林缘、道路组织空间

2. 视觉分析

视觉分析是园林设计中处理景物与空间关系的有力方法。一般来说，为了获得较清晰的景物形象和相对完整的静态构图，应尽量使视角与视距处于最佳位置。通常垂直视角26°～30°、水平视角45°观景最佳（图6-10、图6-11）。

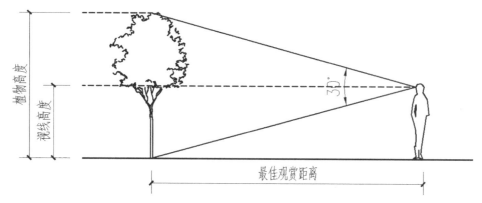

图 6-10　立面最佳观赏距离与景观高度的关系

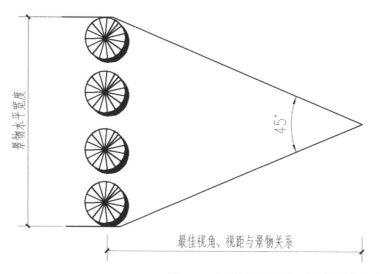

图 6-11　水平最佳观赏视角、视距与景物关系

3. 剖面分析

剖面分析主要用于理解道路断面上植物、地形的空间变化，比例与尺度，不同的剖面形式形成不同的空间感受，图6-12是休闲空间A-A'剖面图，图6-13是后院空间B-B'剖面图。

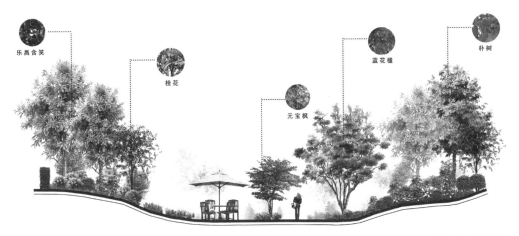

图6-12　休闲空间剖面图

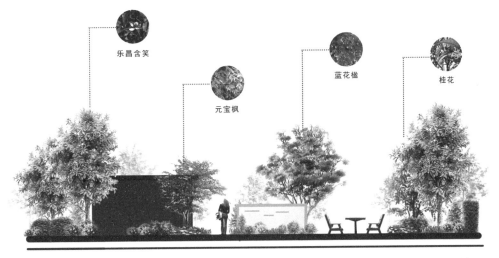

图6-13　后院空间剖面图

第四节　施工图设计阶段

一、施工图设计准备

植物设计师需与其他专业设计师沟通协调，讨论场地总平面给排水管线，强弱电管线、燃气管线等综合管线的走向、埋深，以及检修井、户外灯具位置等对植物景观设计的影响。具体方法如下。

① 将不同专业的CAD图纸与植物景观图纸叠加，如果发生冲突，需要与相关专业设计师沟通讨论解决方案。

② 在塑造地形时，将车库顶板结构图与景观堆土种植图再"叠图"一次，尽可能将覆土的最高区与梁、柱区域重合，分散对板的荷载。

③ 确认建筑通风、采光井的位置和标高、道路标高等信息，确保地形塑造和植物设计不影响地下室采光和通风。

④ 确认建筑一楼的门、窗的位置，以免乔木影响采光和通风。

⑤ 确认建筑散水、排水沟，避免设计位置出现偏差。

二、植物规格、密度与数量要求

依据场地空间氛围和工程造价确定植物种植密度、规格和模式。以一个150~200m² 的组团为例，一般2~3株上层大乔木，形成空间骨架，依据乔木冠幅，定距为2~5m。常绿乔木通常叶片较密实，树冠之间要有空间距离，如香樟、广玉兰、乐昌含笑、大叶女贞等；落叶乔木枝叶较为稀疏，显得飘逸，树冠之间可以搭接，如银杏，朴树、皂荚、悬铃木、白蜡、合欢、榆树、国槐、蓝花楹、栾树、乌桕、鹅掌楸、黄连木等。

中层采用5~9株3~5m的常绿、开花或者彩叶小乔木，将开花、彩叶小乔木置于构图中心，通常在林缘线边缘位置，形成视觉焦点。当上层以落叶乔木为主时，中层可以适当增加常绿小乔木，如桂花、天竺桂、杨梅等，由于中层常绿小乔木枝叶浓密，要留出空间距离。当上层以常绿乔木为主时，中层多采用开花或者彩叶小乔木。中下层采用5~7株1.5~2.5m高的单植大灌木（球）和10~15株0.8~1.2m高的单植小灌木（球），引导视线，增加绿量，使得群落重心下移，叶片较为粗犷的桂花球、石楠球、海桐球、山茶可以作为灌木骨架，置于后面，杜鹃花球、金叶女贞球、小叶黄杨球、大叶黄杨球、红花檵木球、银边黄杨球、黄金香柳球等致密紧凑型置于前面。

下层灌木地被和花坛花最外缘轮廓线要形成连续的曲线，提高密度，曲线之间过渡保持光滑顺接，不同品种灌木或者花坛花的平面形状、大小和面积要有差异。主色调品种面积大，跳色品种面积小，如金叶女贞、红花檵木、西洋杜鹃、红叶石楠、栀子花、绣线菊、瓜子黄杨等。在局部小尺度且单面观赏的空间，植物组团可以采用自然式灌木和花境模式，用锦带花、水果蓝、变叶木、花叶良姜、鸭脚木等确定大致轮廓线，再用花卉或者麦冬、沿阶草等条形叶地被收边。为了达到即时效果，应适当调整植物种植密度。

三、施工图

1. 植物种植施工说明

本设计说明依据国家、行业部门、地方颁发的有关风景园林设计、园林绿化工程施工的各类规范、规定、标准和条例，如CJJ/T 91—2017《风景园林基本术语标准》，CJJ 82—2012《园林绿化工程施工及验收规范》，《建筑工程施工图设计文件技术审查要点》（2013年版）06SJ805，《建筑场地园林景观设计深度及图样》等。

（1）现有植物的保留与保护

施工前应在植物保留区标明需保留的植物并采取保护措施。未经设计师审核确认，不许在植物保留区挖掘、排水或进行其他任何破坏等。

（2）绿化地的平整、构筑与清理

首先要对土壤进行粗整，清除土壤中的碎石、杂草或杂物等。按城市园林绿化规范，对30cm以内土壤进行平整至设计坡度，坡度一般控制在2%～2.5%。

（3）土壤要求

土壤应为疏松湿润、排水良好、pH为5～7、含有机质的肥沃土壤，强酸碱土、盐土、重黏土、沙土等均应进行改良，以达到植物可以生长的程度。对草坪、花卉种植地应施基肥，翻耕25～30cm，搂平耙细，去除杂物，平整度和坡度符合设计要求。花卉按不同季节更换时令鲜花。回填土场地应分层夯实，每层厚度不大于300mm，不得以建筑垃圾及其他杂物回填。植物生长最低种植土层厚度应符合以下规定，草本花卉30cm、草坪地被15～30cm、小灌木45cm、大灌木60cm、浅根乔木90cm、深根乔木150cm。

（4）树穴要求

树穴应根据苗木根系、土球直径和土壤情况而定，树穴应垂直下挖，上口下底规格应符合设计要求及相关的规范。树穴要比根系球大出30cm以上，并要加上20cm厚的有机肥以使苗木栽植完成后迅速恢复生长。

（5）苗木要求

严格按苗木规格购苗，应选择枝干健壮，形体优美的苗木，苗木移植尽量减少截枝量，严禁出现没有分枝的单干苗木，乔木的分枝点应不少于四个，树形特殊的树种，分枝必须有4层以上。规则式种植的乔灌木同种苗木的规格大小应统一，丛植或群植的乔灌木，同种或不同种苗木都应高低错落，充分体现自然生长的特点，种植后同种苗木高度相差30cm左右。孤植树应选种树形姿态优美、造型奇特、冠形圆整耐看的优质苗木。整形装饰绿篱规格大小应一致，修剪整形的观赏面应为圆滑曲线弧形，起伏有致。分层种植的灌木花带边缘轮廓线上种植密度应大于规定密度，平面线形流畅，外缘成弧形，高低层次分明，且于周边点种植物高差不少于300mm。

所有植物必须健康、新鲜、无病虫害，无缺素症状，生长旺盛，形体完美。严格按设计规格选苗（苗木表中规格为种植修剪后的规格），花灌木尽量选用容器苗，地栽苗木应保证移植根系，带好土球，包装结实牢靠。

（6）种植

种植土应击碎分层捣实，最后围好土圈并淋足定根水。草坪区的树木需保留一个直径900mm的树圈。灌木种植与草坪的交接处应留5cm左右宽的浅凹槽，以利于灌木的排水与后期的养护管理，草皮移植平整度误差≤1cm。绿化种植应在主要建筑、地下管线、道路工程等主体工程完成后进行。种植物时，发现电缆、管道、障碍物等要停止操作，及时与有关部门协商解决。灌木和地被宜在乔木栽植、场地平整后进行，以避免重复操作带来的损失。

（7）板顶种植

当种植区位于地下车库的板顶上时，应根据具体部位的屋顶结构承重能力决定土壤厚度和植物类型，采用陶粒、轻质土来控制土壤容重，应参照结构图纸并与专业人员协商，确保安全。铺设种植土前，应首先核查该部分的土中积水排除系统是否已施工完善，经确认后再按设计要求完成陶粒疏水层，然后方可铺设种植土，严格按照施工规范铺设疏水设施及种植土。

（8）修剪造型

植物种植前的修剪主要是为了降低运输过程中的水分损失，种植后应考虑植物造型进行修剪，使植物的初始树冠能够有利于形成优美冠形。

（9）其他

由于现场环境与图纸不完全一致，植物栽植量与植物表中的数量有差额，应以现场实际用量为准。植物栽植应在植物施工图的基本要求和原则下，根据实际情况（栽植季节影响、货源问题、场地变化等）做出相应调整，以达到最佳观赏效果。苗木表中的灌木每平方米栽植株数为参考量，以现场实际情况、不露土为原则。车库顶部栽植大乔木时，要对栽植处进行特殊处理，以防止植物根系破坏其防水层，植物施工图需经建筑结构师对荷载进行核算后方可施工。

2. 苗木表

在植物施工图中，苗木表中的植物编号、树种名称、单位、规格、工程量等应与市场苗木相符（表6-1、表6-2）。

表6-1　乔木苗木表

序号	树名	规格/cm				备注	单位	工程量
		树高/cm	冠幅/cm	一级分枝点/cm	胸径/cm			
一						落叶乔木		
1	丛生朴树	1000~1100	500~600	—	—	点景树，5杆，每杆≥15cm，树形优美	株	4
2	朴树	900~1000	400~450	250~300	25	全冠，树形优美	株	7
3	黄连木	1100~1200	450~550	250~300	30	全冠，树形优美	株	2
4	蓝花楹	900~1000	600~700	200~250	35	全冠，树形优美	株	1
5	元宝枫	400~450	350~380	<60	18	全冠，树形优美	株	12
6	花石榴	250~300	250~280	—	—	全冠，冠幅饱满	株	5
7	丛生紫薇	400~450	350~380	—	—	全冠，5~7枝	株	3
8	紫薇	400~450	350~380	—	12	全冠，树形优美	株	4
9	红枫	200~220	180~200	<60	8	全冠，低分枝	株	8
10	鸡爪槭	280~300	250~280	<80	12	全冠，低分枝	株	7
11	紫叶李	350~400	200~250	—	—	全冠，树形优美	株	10
12	樱花	350~400	200~250	—	10	全冠，树形优美	株	1
13	紫荆	300~350	150~200	—	—	全冠，树形优美	株	11
14	羽毛枫	150	220	—	—	全冠，树形优美	株	1
二						常绿乔木		
1	乐昌含笑	600~650	400~450	200~250	—	全冠，树形优美	株	20
2	地笼桂	300~350	250~300	—	—	全冠，树形优美	株	15
3	丛生桂花	450~500	350~400	—	18	点景树，全冠	株	1

序号	树名	规格 /cm				备注	单位	工程量
		树高 /cm	冠幅 /cm	一级分枝点 /cm	胸径 /cm			
4	丛生杨梅	300～350	280～300	—	15	全冠，树形优美	株	6
5	造型栀子	130～150	130～150	—	5	全冠，树形优美	株	4
6	山茶	150～180	120	—	—	全冠，树形优美	株	1
7	红叶石楠	250～280	250	—	10	全冠，树形优美	株	1
8	石楠柱	150～180	120	—	—	全冠，树形优美	株	1

表6-2　灌木地被苗木表

序号	树名	规格			备注	单位	数量
		高度 /cm	密度 /（株/m²）	冠幅 /cm			
一				球灌类			
1	千层金	180	—	150	自然树形，观赏性强	个	2
2	大叶黄杨球	180	—	180	整形球灌，观赏性强	个	9
3	金禾女贞球	150	—	150	整形球灌，观赏性强	个	11
4	金叶女贞球	120	—	120	整形球灌，观赏性强	个	7
5	红叶石楠球	150	—	150	整形球灌，观赏性强	个	12
6	杜鹃球	100	—	120	整形球灌，观赏性强	个	7
7	银叶金合欢	160～180	—	160	自然树形，观赏性强	个	5
8	龟甲冬青球	100	—	100	整形球灌，观赏性强	个	28
9	澳洲朱蕉	60	—	40～50	冠幅饱满，观赏性强	丛	4
10	海桐球	150～180	—	250	整形球灌，观赏性强	个	4
11	红叶石楠球	150	—	180	整形球灌，观赏性强	个	3
12	红花檵木球	130～150	—	120	整形球灌，观赏性强	个	7
13	春羽	45～50	—	35～50	整形球灌，观赏性强	个	14
14	变叶木	45～50	—	35～40	整形球灌，观赏性强	个	20
15	三角梅	100	—	100	整形球灌，观赏性强	个	14
16	铁树	60	—	60	—	个	5
17	银姬小蜡	—	—	80	—	个	4
18	天竺桂绿篱	150	—	60	袋苗，双排种植	m	152

续表

序号	树名	规格			备注	单位	数量
		高度/cm	密度/（株/m²）	冠幅/cm			
二					灌木类		
1	红花满天星	30～35	64	25	整形球灌，观赏性强	m²	40
2	木春菊	30～35	49	25	整形球灌，观赏性强	m²	80
3	肾蕨	35～40	64	20	整形球灌，观赏性强	m²	15
4	毛鹃	40～45	49	30	整形球灌，观赏性强	m²	50
5	红叶石楠	50～55	49	30	整形球灌，观赏性强	m²	80
6	大叶栀子	50～55	36	30	整形球灌，观赏性强	m²	80
7	鼠尾草	30～35	49	25	盆苗，冠幅饱满	m²	75
8	细叶芒	60～70	25	40	冠幅饱满，分蘖多	m²	10
9	棕竹	80～100	16	35～40	株型饱满，观赏性强	m²	38
10	金森女贞	50～55	49	30	株型饱满，观赏性强	m²	86
11	蒲葵	80～100	16	35～40	株型饱满，观赏性强	m²	32
12	八角金盘	45～50	36	35～40	株型饱满，观赏性强	m²	30
13	天门冬	30～35	64	25	株型饱满，观赏性强	m²	6
14	花叶假连翘	45～50	36	35～40	株型饱满，观赏性强	m²	60
15	红花檵木	45～50	36	35～40	株型饱满，观赏性强	m²	60
16	草坪	—	—	—	台湾二号，密铺	m²	200
17	时令花卉（粉）	—	—	—	盆苗，密植	m²	69
18	花境	—	—	—		m²	27

3. 种植设计图

空间布局采用两头紧中间松、外沿密内部松的形式。大乔木以直立型乔木为主，中层选用大量开花、色叶植物，利用地笼桂和乐昌含笑增加绿量，在角点以及中端用2～3株圆顶高大乔木撑起天际线顶端。布局则以群植、丛植为主，种植密度大。靠近园路局部点缀几株乔木，带给业主视觉、嗅觉、触觉全方位感受。在密植组团之间留出草坪，空间越狭窄处植物越密实，距离宽时大灌木压前，距离窄时大灌木置后。图纸包括植物总平面图、乔木平面图、灌木地被平面图（图6-14～图6-16）。

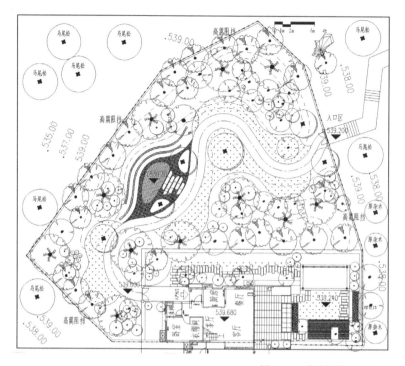

图 6-14　种植设计总平面图

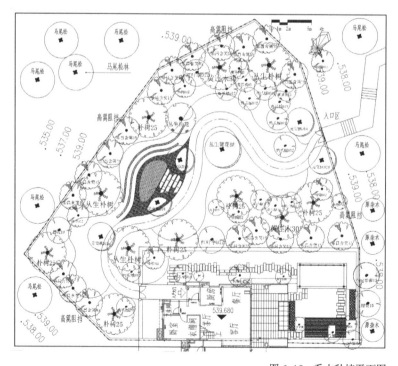

图 6-15　乔木种植平面图

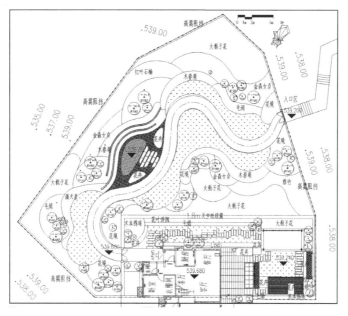

图 6-16　灌木地被种植平面图

四、施工建成后效果

按照视点部位，对设计施工后效果进行展示（图6-17～图6-27）。

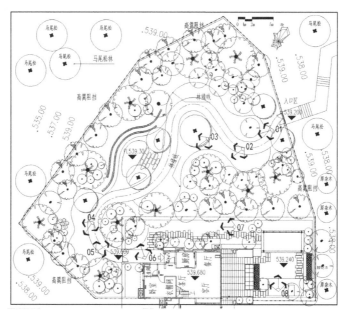

图 6-17　建成后视点分布图

图 6-18　迎宾休闲展示区——视点一　　　　　图 6-19　迎宾休闲展示区——视点二

图 6-20　迎宾休闲展示区——视点三　　　　　图 6-21　迎宾休闲展示区——视点四

图 6-22　迎宾休闲展示区——视点五　　　　　图 6-23　私家花园展示区——视点六

图 6-24 私家花园展示区——视点七

图 6-25 私家花园展示区——视点八

图 6-26 迎宾休闲展示区鸟瞰图

图 6-27 私家花园展示区鸟瞰图

第七章　园林植物
景观设计质量评价

工程设计质量是工程建设的灵魂，图纸审查是工程建设的重要组成部分，是对设计单位进行评价考核的重要工作。本章在参考资料基础上，结合作者经验，采用半定量分析方法，构建植物景观设计质量评价体系。

第一节　植物景观设计质量控制

图纸质量控制从设计单位接收任务书开始，贯穿设计管理全过程。在质量控制过程中，要注意以下几点：

① 要严格落实设计单位内部评审制度；

② 保障设计与建设单位之间沟通顺畅；

③ 重视阶段性成果汇报审核；

④ 建立健全图纸第三方审核制度。

一般来说，可以将植物景观设计图纸分成3个阶段，具体如下：

① 概念性方案→内部评审→业主评审→阶段性成果提交；

② 深化方案→内部评审→业主评审→阶段性成果提交；

③ 施工图设计→内部评审→业主评审→审图公司评审→最终成果提交。

第二节　植物景观方案设计质量评价

一、方案设计图纸评审依据

植物种植方案设计图纸的评审依据如下：

① 双方签订的设计合同；

② 景观规划设计方案；

③ 项目所在地城市树种规划；

④ CJJ/T 67—2015《风景园林制图标准》；

⑤ CJJ/T 91—2017《风景园林基本术语标准》；

⑥ 06SJ805《建筑场地园林景观设计深度及图样》；

⑦ CJJ/T 85—2017《城市绿地分类标准》；

⑧ GB 50420—2007《城市绿地设计规范》（2016年版）；

⑨ GB 50016—2014《建筑设计防火规范》（2018年版）；

⑩ 其他相关的设计规范。

二、方案设计图纸评审方法构建

1. 评价因子选取原则

① 专业性。通过与行业专家、设计师和工程师访谈沟通，选取能反映植物景观特质的评价指标。

② 整体性。选取能独立反映植物景观设计的因子，各因子相互联系又各自区别。

③ 可行性。选取的评价指标直观可行、简洁易懂，符合行业特点。

2. 评价指标的选择与权重

为了确保植物景观方案设计成果可控，对影响植物方案设计质量的因素进行了分类，通过专家咨询进行指标选取，最终选取了A规划设计合理性（30分）、B植物生态性（20分）、C植物功能性（10分）、D场地分析准确性（10分）、E合同及规范符合度（10分）、F图纸规范美观性（15分）、G采购难易性（5分）7个1级指标和36个2级指标构建评价体系。通过行业专家对评价指标重要性的评分，运用加权平均法评定了影响植物方案设计各因素的权重值，构建了风景园林植物景观方案设计评价体系，如表7-1所示。

评价采用百分制，按照实际得分后累计相加，就获得了图纸的评分。评价结果分为优秀（90分及以上）、良好（80~89分）、中等（70~79分）、合格（60~69分）与不合格（60分以下）5个等级。

表7-1　方案设计阶段图纸评审指标分值表

一级指标（权重）	二级指标（权重）	指标描述	评审依据	分值	综合分值
A规划设计合理性（30）	A1空间营造（5）	植物空间丰富性，组织合理性	总平面		
	A2烘托主题（5）	设计构思、主题氛围和意境表达	立面效果图		
	A3构图（2）	总体构图是否美观合理	平面立面		
	A4色彩（2）	色彩规划表达空间意境符合度	色彩平面		
	A5季相（2）	季相规划表达场地意境符合度	季相平面		
	A6重点部位（2）	重点部位设计合理性	节点平面		

一级指标（权重）	二级指标（权重）	指标描述	评审依据	分值	综合分值
A规划设计合理性（30）	A7自然式组团（2）	林缘线设计合理性	节点平面		
	A8自然式组团（2）	林冠线设计合理性	节点立面		
	A9规则式组团（2）	规则式组团设计合理性	节点平面		
	A10有利因素应用（2）	原生植物利用情况	总平面		
	A11设计矛盾（2）	原生植物与设计有无矛盾	总平面		
	A12地方风俗（1）	植物符合地方风俗情况	总平面		
	A13地方忌讳（1）	有无忌讳植物品种	苗木表		
B植物生态性（20）	B1植物适应性（4）	植物对地区气候特点适应性	苗木表		
	B2植物乡土性（4）	植物中乡土植物的比例	苗木表		
	B3植物养护管理（4）	植物养护管理难易程度	苗木表		
	B4入侵物种（4）	是否有外来入侵物种	苗木表		
	B5符合生态习性（4）	是否符合植物生态习性	平面立面		
C植物功能性（10）	C1休闲场地植物遮阴纳凉合理性（2）	植物对遮阴纳凉的功能符合度	立面图或效果图		
	C2人行道植物合理性（2）	植物适应行道树功能的符合度	立面图		
	C3植物遮蔽不良物体合理性（2）	植物适应遮蔽功能的符合度	立面图		
	C4植物降低噪声合理性（2）	植物适应降低噪声功能的符合度	立面图		
	C5植物软化建筑外立面合理性（2）	植物软化建筑外立面情况	立面图		
D场地分析准确性（10）	D1原有环境分析（4）	原有地形、建（构）筑物、植物现状等环境分析准确性	分析图		
	D2建成环境分析（4）	场地的日照、通风分析准确性	分析图		
	D3保护分析（2）	原有古树名木保护性	分析图		
E合同及规范符合度（10）	E1植物种类（2）	植物种类是否符合地方树种规划	苗木单		
	E2绿地指标（2）	绿地率等指标与报建图纸符合度	总平面		
	E3合同理念响应（2）	响应项目的设计理念情况	分析图		
	E4合同投资响应（2）	估算响应项目投资要求情况	估算表		
	E5规范标准响应（2）	符合国家、行业和地方相关规范标准情况	总平面		

续表

一级指标（权重）	二级指标（权重）	指标描述	评审依据	分值	综合分值
F图纸规范美观性（15）	F1规范性（5）	图名、图号、文字、标注等是否准确表达	总体方案		
	F2美观性（5）	图纸表达效果情况	总体方案		
	F3图纸完整性（5）	植物设计图纸完整情况，如设计范围是否完整准确等	总体方案		
G采购难易性（5）	G1苗木是否充足（3）	设计植物的市场苗源充足情况	苗木单		
	G2采购距离的远近（2）	设计植物市场采购距离的远近	苗木单		

第三节 施工图评审

一、施工图评审依据

植物景观设计施工图的评审依据如下：

① 方案设计阶段的所有依据；

② 植物景观方案设计图纸；

③ CJ/T 340—2016《绿化种植土壤》；

④ CJ/T 24—2018《园林绿化木本苗》；

⑤ CJJ 82—2012《园林绿化工程施工及验收规范》；

⑥《建筑工程施工图设计文件技术审查要点》（2013年版）。

二、施工图评审方法构建

1. 评价因子选取原则

① 专业性。在众多专家、设计师和工程师调查基础上，选取能反映植物扩初设计特质的评价指标。

② 整体性。选取能独立反映植物施工图设计的因子，各因子相互联系又各自区别。

③ 可行性。选取的评价指标直观可行、简洁易懂，符合行业特点。

2. 评价指标的选择与权重

为了确保植物景观施工图成果在景观效果和成本两方面都可控，在查阅资料的基础上，对影响植物景观施工图设计质量的因素进行分类。通过专家咨询法，结果选取了A图纸表达、B植物材料、C规划设计、D合同与规范、E成本控制5个1级指标和34个2级指标构建评价体系（表7-2）。

采用百分制，按照实际得分后累计相加，获得图纸的评分。评价结果分为优秀（90分及以上）、良好（80～89分）、中等（70～79分）、合格（60～69分）与不合格（60分以下）5个等级。

表7-2　施工图阶段图纸评审指标分值表

一级指标（权重）	二级指标（权重）	指标描述	审查形式	分值	总分值
A图纸表达（15）	A1图纸完整（3）	包括封面、目录、设计说明、设计图纸、预算表、材料表	整体图纸		
	A2图纸规范（3）	总图A1或者A2图幅，分区图A2图幅；总图平面图比例1：500～1：1000；局部平面图比例1：100～1：300；树木等图例是否简明易懂；指北针、比例尺是否规范；道路红线及绿地、建筑物、构筑物、道路、水体位置与轮廓范围是否规范；原有植物是否标注	整体图纸		
	A3图纸准确（3）	图纸名称与图纸的内容一致性，乔木种植位置、树种、株数及规格，灌木种植位置、树种、株数及规格，片植灌木、花卉、草坪的位置、面积、形状和填充准确性，乔木种植网格放线，标出保留的树木	整体图纸		
	A4图纸深度（3）	图纸编制深度符合工程招投标要求情况	整体图纸		
	A5图纸美观（2）	图面整洁，文字标注等准确、整齐、统一	整体图纸		
	A6设计说明（1）	是否对栽植土壤有规定，是否有乔灌木种植技术方法规定，是否有设计的依据规范标准，是否对种植穴有具体要求	设计说明		
B植物材料（25）	B1苗木生态习性（5）	苗木对地区气候适应性强，成活率高，抗病虫能力高，养护容易；植物是否有外来入侵物种；乡土乔木、灌木占总乔木、灌木数量比例大于0.9	苗木表		
	B2苗木表的规范准确（3）	苗木名称、规格、数量准确表达（如乔木独本、丛生），能满足工程招投标要求；苗木的统计量准确性；植物材料表是否给出植物类型	苗木表		
	B3苗木比例（3）	常绿与落叶乔木比例宜为3：2～3：4，常绿与落叶灌木比例宜为3：3～3：4，常绿片植灌木占总片植灌木面积比例大于0.9，速生树与慢生树比例宜为1：4～1：5	苗木表		

续表

一级指标 （权重）	二级指标 （权重）	指标描述	审查形式	分值	总分 值
B植物材料（25）	B4苗木丰富度（4）	苗木品种数量的多少	苗木表		
	B5生活型丰富度（2）	乔木、灌木、草本、藤本、水生植物	苗木表		
	B6时序丰富度（2）	观花、观叶、观果、观枝季相变化	苗木表		
	B7树冠丰富度（2）	大于等于10种	苗木表		
	B8空间丰富度（2）	封闭空间、开敞空间、半开敞空间、覆盖空间、垂直空间	总图、分区图		
	B9垂直结构丰富度（2）	一层、二层、三层、四层、五层、六层等	节点平面立面图		
C规划设计（35）	C1空间组织（4）	合理利用植物组织空间序列情况	总图		
	C2空间主题（4）	植物与景观设计构思、主题氛围和意境表达符合度	节点平面立面图		
	C3植物功能（3）	休闲场地遮阴纳凉乔木品种合理，树枝下净空符合规范；行道树种类、分枝点、高度、光影变化合理性；通过植物设计遮蔽不良物体的功能；植物群落降低噪声能力；植物软化建筑外立面情况；其他功能	总图节点平面立面图		
	C4平面构图（3）	自然式组团林缘植物配置美观性，自然式组团植物尺度、疏密、前后关系，组团乔木、单植灌木株行距与规格合理性，组团片植灌木、花卉密度与规格合理性，组团中乔木、灌木、地被的比例是否合适，规则式组团植物尺度、密度	节点平面图		
	C5立面构图（3）	组团空间的主景＋配景＋点景＋前景＋背景植物合理性，植物林冠叶色、叶形、浓密、质地相似或对比	节点立面图		
	C6季相（2）	不同季节的季相是否得到充分考虑	节点平立面图		
	C7色彩（2）	不同季节的色彩是否得到充分考虑	节点平立面图		
	C8光影（2）	植物光影对活动休闲空间及道路空间的影响	节点平立面图		
	C9设计协调（3）	植物与园林建筑、水景、山石、构筑物、植物之间的协调性	节点平立面图		

一级指标（权重）	二级指标（权重）	指标描述	审查形式	分值	总分值
C规划设计（35）	C10环境适应（2）	栽植环境符合植物的生态习性，植物对尘土、尾气的抗性，下层植物耐阴性	节点平立面图		
	C11地形合理（3）	地形考虑车库顶板荷载和地基承载力和土壤安息角，地形排水组织是否合理，地形是否影响底层住户的采光，地形标高是否符合方案设计要求，地形塑造是否达到空间组织功能，车库顶板覆土土壤厚度≤600mm处是否种植了乔木	地形图		
	C12影响环境（3）	植物对一楼室内光照、通风和视线的影响，植物对安防报警系统、路灯照明的影响，植物对商铺招牌、门面的视线影响，植物对标识标牌的视觉影响，植物对行车视线的影响，落叶、落果植物对水体的污染，落果植物对遮阴纳凉场地的影响，落果或引鸟植物对停车位、汽车的污染	节点平立面图		
	C13原生植物（1）	对自然景观及原生植物利用情况；原生植物与设计有无矛盾	节点平立面图		
D合同与规范（10）	D1意见落实（3）	方案设计评审提出意见落实情况	节点平立面图		
	D2绿地指标（2）	绿地率等指标与报建图纸符合度	总图		
	D3规范标准（5）	符合国家、行业和地方相关规范标准情况，如植物种类是否符合当地城市绿地系统规划；消防登高面和消防通道是否具备；植物位置与管线及管井位置是否冲突；植物与建筑物的距离是否符合规范；植物与挡土墙距离是否符合规范；植物与围墙距离是否符合规范；植物与道路边缘距离是否符合规范；植物与排水沟边缘距离是否符合规范；植物是否符合地方风俗	总图、节点平立面图，并与其他专业图纸叠加		
E成本控制（15）	E1苗木预算（8）	预算书是否完整并单独成册，预算符合项目投资要求情况	预算表		
	E2苗木采购（4）	设计植物的市场苗源充足情况，设计植物市场采购距离的远近	市场询问		
	E3养护成本（3）	植物养护管理难易情况	苗木表		

第八章 园林植物景观施工技术与管理

第一节 园林植物景观施工管理

植物景观工程是景观工程的子项目，项目技术管理人员要深刻理解设计的意图，制定合理可行的技术方案，贯彻落实质量技术交底、施工过程巡查指导、质量监督和施工质量的自检自评制度，从原材料的质检，到技术质量资料整理，进行全过程的技术质量管理。

（1）贯彻全员培训制度

在施工前，由项目技术负责人组织人员编写项目的质量教育报告。通过教育提高管理与施工人员的质量意识，并贯穿到实际工作中。

（2）加强材料供应商管理

多方比选，选择有实力的材料供应商。落实材料的验收管理制度，采购的材料运到指定地点，材料员负责核对材料名称、品种、规格、型号、数量与采购计划是否相符，并验证相关证明材料。

（3）实行样板先行制度

施工前，由施工单位项目现场负责人提出，业主单位组织，会同设计单位和监理单位，根据施工图纸、施工方案和技术交底资料，对局部植物景观进行施工，完成后对植物景观进行评估，确认是否可以大面积施工。

（4）重视施工技术交底

施工技术交底由建设单位组织，设计、施工和监理单位参加。设计单位讲解设计构思、设计要点，施工单位要充分掌握设计图纸、施工说明书、特殊施工说明书等文件上的要求。同时，设计单位对施工单位的疑问进行解答，广泛听取施工人员的意见，提高设计质量。此外，在施工阶段，由项目技术负责人将施工方案和技术要点进行解读并签字，方可上场施工。

（5）落实检查验收制度

园林绿化工程一般需要经过自检和巡查验收两个过程。在每一项分项工程施工完成后均需由施工班组进行自检，如符合质量验收标准要求，由班组长填写自检记录表。建设单位会同设计单位和监理单位对施工质量进行评估，验收合格后才可以进入下一道工序。

使用国家政府部门资金建设的项目，由建设单位组织工程竣工验收，首先由建设单位对验收报告和资料进行审查，再由园林绿化工程质量监督机构审议验收条件，最后由建设单位组织勘察、设计、施工、监理等项目负责人和相关方面专家组成验收组，制定验收方案，确定验收时间并通知园林绿化工程质量监督机构。

第二节　园林植物种植施工技术

园林植物景观工程由栽植基础工程、栽植工程和养护工程组成，其中养护工程不在本书范围。园林植物施工的一般流程如下：施工准备（人、材、机）→地形塑造→乔木定点放线→坑穴准备→土壤改良→乔木种植→防风支柱→大灌木定点放线与种植→灌木与地被放线与种植→草花放线与种植→草坪铺设→场地整理→竣工验收。

一、微地形塑造与场地平整

地形是整个景观空间的骨架，直接影响景观的美学特征、空间视觉、排水、小气候营造等，是植物景观等要素的基底。在地形施工放样之前，园林工程师要充分理解场地的功能和用途，以及要营造的景观氛围。地形的塑造与空间艺术密切相关，要深刻领会等高线的意图，确定地形起伏和坡度缓急的位置，使地形起伏自然，排水效果良好，地形外缘过渡要自然，坡面与坡面、坡面与地平面的夹角宜自然、舒缓，忌讳形成坟堆式土包地形。

1. 工艺流程

测量定位→放大样线→回填土壤→标高控制→分层夯实→地形大样→清除建筑垃圾→平整场地→土壤消毒→土壤改良→精细平整。

2. 施工要点

地形堆筑时先中间后边缘，回填土壤应分层适度夯实，每层填土厚度以不大于60cm为宜，土壤回填时可结合挖掘机进行适当碾压，回填土的高度控制应结合水准仪进行把控，机械操作人员需与水准仪施工人员密切配合。微坡地形大样轮廓出来后，需要用人工清除地形表面的建筑垃圾、石块、杂草等，根据图纸上设计的等高线进行高程细部控制，使地形表面自然流畅，排水良好。此外，地形塑造后，应该考虑土壤自然的沉降，对于堆坡地形较大的区域，土壤初步平整后，对土壤进行浇水可以加快沉降速度，1m的回填高度可以预留出10～15cm的沉降量，待土层稳定后再进行植物种植。较为平坦的绿化地形，坡度要小于3%，以免积水。道路、挡土墙边缘要高于土壤3～5cm，以免土壤污染道路。

地形造型基本完成后，对场地石块、杂草等进行清理，再对地被、花卉、草坪的坪床进行精细整理。栽植土表层不得有明显低洼和积水，表土层必须疏松。表层土壤含石砾的粒径大于3cm的不得超过10%，小于2.5cm的不超过20%，杂草不超过10%。大中乔木土块粒径≤5cm，小乔木、大中灌木、大藤本的栽植土粒径≤4cm，竹、小灌木、宿根花卉等土块粒径≤3cm，草花、草坪土块粒径≤2cm。

3. 验收标准

园林绿化施工采用最新的验收规范，目前为CJJ 82—2012《园林绿化工程施工及验收规范》。主控项目为：

① 造型胎土、栽植土符合设计要求并有检测报告；

② 回填土及地形造型的范围、厚度、标高、造型及坡度均符合设计要求。

一般项目：

① 地形造型测量放线工作应做好记录，签字确认。

② 回填土分层适度夯实，或者自然沉降达到基本稳定，严禁机械反复碾压。

③ 地形造型自然顺畅。

④ 地形造型尺寸和高层允许偏差符合规定。地形线允许0.5m偏差，等高线位置允许1m偏差；地形相对标高≤1m，偏差0.05，1.01～2.00m为0.1偏差，2.01～3.00m为0.15m偏差。

4. 种植土验收标准

植物种植土壤和有效土层厚度都应符合CJ/T 340—2016《绿化种植土壤》的要求。种植土壤验收主控项目技术要求包括pH为5.0～8.0，含盐量（EC值）为0.15～0.9mS/cm，有机质为12～80g/kg，质地为壤土类，土壤入渗率≥5%，5项主控项目必须100%达标。在一般项目中，土壤肥力需满足水解性氮、有效磷、速效钾、有效硫、有效镁、有效钙等12项指标中全部或者部分指标，其中80%样品需符合规定，未达到技术要求的检测值要为标准值的±20%，否则不合格。土壤障碍因子包含压实、石砾含量、水分障碍、构筑物承重、潜在毒害、盐害、硼害等，检测结果要求100%合格。土壤环境质量要求中重金属如镉、汞、铅、铬、砷、镍、铜、锌元素含量达标，其他污染物符合GB 36600—2018《土壤环境质量 建设用地土壤污染风险管控标准（试行）》规定，若有一项不合格，则土壤不合格。

植物种植土壤有效厚度按照CJJ 82—2012《园林绿化工程施工及验收规范》中表4.1.1中设施顶面绿化要求，乔木≥0.8m，灌木≥0.45m，草坪、花卉和地被≥0.15m。实际工作中，为了保障植物成活，植物设计师一般要求大乔木土壤厚度≥1.5m，小乔木和灌木≥0.9m，片植灌木和地被≥0.6m，草花和草坪≥0.3m。

二、放线

放线之前，要认真审阅图纸与场地形状、大小、位置、高低等是否相符，种植施工放线应遵循"由整体到局部，先重点后普通"的原则。植物施工根据场地建筑或道路与乔木相对的位置，用石灰等标定好乔木位置。自然式植物设计放线法"按照空间层次，先上层乔木、中层乔木、单植灌木定点放线，再片植灌木和地被放线，最后是草坪"。上层骨架乔木需精确定点，中层乔木和大灌木可以依据组团灵活处理，灌木和地被放线要自然，切忌呆板、平直。

三、乔木种植技术

地形准备好后，苗木运到工地之前，工地现场要将乔木定位放线、开挖树穴，并检查合格。做好人、材、机的准备工作，如种植人员、种植土壤、腐殖质、支撑材料、绿化用水、生根剂、多菌灵、植物营养剂、抗蒸腾剂、种植机械、养护工具等的准备，苗木长时间脱水，会导致成活率下降。

1. 乔木施工工艺流程

① 苗木选型→移植浇水→修枝叶根→包干束冠→喷洒抗蒸腾剂→挖掘起苗→土球包裹→装卸运输。

② 定点放线→开挖树坑→坑土回填消毒→苗木吊运栽植→树木支撑→筑堰浇水→注射营养液→养护管理→交工验收。

2. 树穴准备

种植穴、槽及管沟挖掘前应了解地下管线和隐蔽物埋设情况。依据乔木土球规格，用挖掘机等配合人工挖掘好圆形树坑。树穴直径应比土球直径大40~60cm，穴深度为穴径的3/4~4/5，比土球高10cm左右。栽植树木时，树穴底部应施基肥，坑底要回填10cm种植土或改良土，使中部略微突起，保证树根与土壤充分接触，便于乔木扎根成活。南方坑为圆形，北方方形，保证上下口径一致。

3. 乔木的选型

乔木规格应该符合设计要求，施工单位人员应会同甲方或者植物设计师到苗圃考察苗木，从外观判断苗木是否枝叶茂盛、是否有病虫害等，直观判断苗木质量是否符合标准。对选好的苗木进行涂白、拴绳、挂牌、编号，以便将苗木运输至指定的种植地点种植，减少二次搬运和苗木损伤，注意树木朝向，同时标注好最佳观赏面。

乔木允许偏差：胸径≤5cm，偏差-0.2cm；胸径6~9cm，偏差-0.5，胸径10~15cm，偏差-0.8cm；胸径16~20cm，偏差-1.0cm；所有规格乔木高度和冠径允许偏差-20cm。

4. 乔木修剪

落叶乔木在秋季移植前，树冠基本不修剪，只将病枝条、老枝条等去除。生长季节，在不影响整体树形的情况下，落叶乔木移植要经过不同程度的修剪，以减少乔木水分的蒸发，保证乔木的成活率。具有中央主干的落叶乔木，保持原有的主干和树形，适当疏枝。无明显主干的落叶乔木，可对主枝的侧枝进行短截或疏枝，并保持树形，必要时喷洒防脱水剂。常绿乔木栽植时，在保证树形的情况下，应进行疏枝摘叶，以提高其成活率。所有乔木种植前，都应剪去断枝、断根。较大的枝条和根部伤口部位要整齐，并刷油漆，防止雨水进入伤口。

采用容器种植的乔木，出圃、运输、种植过程中，根系不会损伤，成活率高，也不用修剪，栽植后无需恢复时间，但容器苗售价较高。

5. 乔木起挖、包裹及运输

为了保证移植树木的成活率，乔木均宜带土球移植。一般土球直径为胸径的8~10倍，土球的高度一般为土球直径的2/3。实际工作中，经断根处理的乔木或成活率高的乔木，土球规格可以适当减小。起苗前1~3天应适当浇水使土壤松软，以使土球有黏度，便于包裹草绳。

乔木的粗根应用钢锯锯断，保证切口整齐。土球表面应光滑，用草绳等包装严密，确保土球不松散、底部不漏土。土球完整，无破裂或不松散是乔木成活的关键。

为了减少水分蒸发，提高移栽的成活率，需对树干进行保湿。先将树干用粗草绳捆紧，并将草绳浇透水，再用塑料薄膜包裹保湿。大型乔木以吊车吊运，为了减少在吊装出现伤及树皮的情况，结合保湿，用木条对吊装点进行加固处理。苗木装运之前要核对苗木品种、规格、数量、质量，外地苗木应该到当地林业部门办理苗木检疫证，到交通运输部门办理运输证。

6. 树木栽植

多工种交叉施工在工程中是常见的现象。植物不适合短期内多次移植，保持土球完整是植物成活的重要保障。大型乔木种植采用吊车等机械操作，在吊装前根部喷施多菌灵和生根粉，提高成活率。吊车将乔木调至准备好的树坑，人工辅助扶正，去除不易降解的包装物，观察种植朝向是否符合设计要求，深度和位置是否正确，行列式栽植主干是否在一条线上。回填土过程中，种植土必须分层用将土壤压实，但不得损伤土球，树根颈部与地面齐平。

树木栽植后应在筑成高10cm的灌水土堰，新植树木当日浇透第一遍水，使根系与泥土很好地粘在一起，不要出现空隙。浇水时将水管放在瓦片或碎石等缓冲垫上，防止水流冲刷根系或冲毁围堰。浇水下渗后，应及时用围堰土封树穴，以后根据情况及时补水。浇灌的水质应符合国家标准GB 5084—2021《农田灌溉水质标准》的规定。

7. 透气管埋设

埋设透气管不仅可以提高土壤的通气性，防止土壤板结，有利于新种植的乔木萌发根系，提高成活率，还可以通过透气管抽取根部多余的水量。

一般黏性土壤需增设透气管，透气管要在土球与树穴交界处均匀分布，且要直通土球或根部以下，增加氧气含量，活跃根系。透气管采用PVC（聚氯乙烯）管或专用透气软管，管径一般为50~100mm，管壁透气孔的孔径为5~10mm，透气管高于地面呈40°~45°角倾斜安放，胸径在12cm左右的乔木根部要均匀埋设1~2根，20cm以上可再增加1~2根管。

8. 乔木支撑

大树移植后需要设立支撑，以免被风吹刮造成树干摇摆松动，土球基部形成空洞后积水，使根系生长不良。刚种植的树木"头重脚轻"，架立支撑也可以防止树体倒伏。

固定支撑一般在栽植完毕、浇水以前进行。架立支撑的最常用方式为三角形扶架和井字形支柱，杉木是最常用的支撑，杉木桩长至少2m，水平撑材长应为60cm以上，末径应在5cm以上，并应剥皮清洁后刷桐油防腐。支撑物粗头削尖打入土中，以期牢固，打入土中的深度应在30cm左右，树干的支撑点加衬垫后用细麻绳或细棕绳紧固并打结，以免动摇。

9. 假植

运到工地后1天内种不完的植物，应存放在阴凉潮湿处假植，以防止树木根系失水或干枯从而丧失生命力。假植时使树木向背风方向倾斜，用湿润的土壤将苗木土球密集挤在一起，覆盖壤土并填满土球间空隙，适当用脚踩实，使根与湿土紧密接触，树木在假植期间，应注意经常浇水、看管。

10. 反季节移植

为了提高植物成活率，植物移植最好是在早春和晚秋两季进行。北方地区以春季栽植为好，气温逐渐回升，土层解冻，土壤水分充足，有利于树木的发根。南方地区以秋末初冬栽植为宜，树木逐渐进入休眠期，对水分养分消耗减少。施工时，需要加强反季节施工的措施。

当植物在夏冬季种植时，需要采取技术措施，提高成活率。如移植前疏剪、摘叶、喷施抗蒸腾剂；使用断根成熟的苗木，减少根系损伤；树干包裹保湿；缩短起挖栽植时间；加大土球直径；减少对苗木损伤；种植后及时固定并浇水；夏季遮阴喷水，冬季防风防寒等。

图8-1～图8-8为某项目乔木及大灌木的施工过程照片。

图8-1 地形初步塑造

图8-2 地形精细塑造

图 8-3　香樟苗圃选型　　　　　　　　　　　　　　　图 8-4　桂花苗圃选型

图 8-5　乔木 – 灌木种植与支撑 1　　　　　　　　　图 8-6　乔木 – 灌木种植与支撑 2

图 8-7　乔木 – 灌木种植与支撑 3

图 8-8　乔木 – 灌木种植与支撑 4

四、灌木种植技术

大灌木种植可以参考乔木的种植施工技术。

1. 中小灌木与地被施工工艺流程

场地平整→表土施肥改良→苗木选型→移植浇水→挖掘起苗→装卸运输（苗木检疫证）→定点放线→苗木栽植→修剪浇水→交工验收。

2. 栽植技术

中小灌木与地被最好采用容器苗，见效快，成活率高。灌木与地被色块各条边缘线必须保持自然，在曲线弧度较大的地方多测量几个控制点，然后用灰线将各控制点连接，多角度查看边缘线是否符合设计要求。种植槽的开挖要流畅，深浅一致，种植要求整齐，形态好的植株种植在外层。灌木与地被以整体覆盖地面为原则，要求枝条互相搭接、修剪整齐、密度合理、景观效果好。种植时，将包装袋拆除，随栽随填土压实，种植完成后浇定根水。

3. 验收标准

土壤要求详见本节微地形塑造与场地平整的论述。灌木土球完整，根系良好，规格符合要求，无病虫害。片植灌木高度和冠径≥100cm，高度和冠径偏差＜–10cm，片植灌木高度和冠径＜100cm，高度和冠径偏差＜–5cm。球形灌木高度和冠径≥200cm，高度和冠径偏差＜–20cm，高度和冠径为100～200cm，偏差＜–10cm，高度和冠径为50～100cm，偏差＜–5cm，高度和冠径≤50 cm，偏差为0。

五、花坛、花境施工

花坛、花境花卉施工工艺流程可以参考中小灌木与地被。

1. 栽植技术

按设计要求平整场地，保证排水良好。花苗种植深度以原生长在苗床、花盆或容器内的深度为准，严禁种植过深。种植后应充分压实，覆土平整。种植后应浇足水分，第二天再浇一次透水，并加强水分管理。

2. 验收标准

土壤要求详见本节微地形塑造与场地平整的论述。一二年生花坛花的主杆矮，具有粗壮的茎秆，基部分支强健，分蘖者必须有3～4个分枝，花蕾露色。根系完好，生长旺盛，无根部病虫害。花色、株高一致，观赏期长，无病虫害和机械损伤。花境用宿根花卉宜采用容器苗，根系发育良好，并有3～4个芽，绿叶期长，无病虫害和机械损伤。花境用球根花卉宜采用休眠期不需挖掘地下部分养护的种类。观叶植物必须移植或使用盆栽苗，叶色鲜艳，观赏期长。

图8-9～图8-14为某项目乔木及大灌木的施工过程照片。

图 8-9　大叶栀子花盆栽苗

图 8-10　茶梅盆栽苗

图 8-11　灌木放线—种植—修剪一

图 8-12　灌木放线—种植—修剪二

图 8-13 灌木放线—种植—修剪三   图 8-14 灌木放线—种植—修剪四

六、草坪铺植、栽植

1. 草坪施工工艺流程

场地精细平整→表土施肥改良→装卸运输（苗木检疫证）→铺设草坪→镇压草坪→浇水→交工验收→养护管理

2. 施工技术要点

营建高质量的草坪，应做好地形处理、土壤改良、排灌系统等前期准备工作。种植土厚度应达到40cm，最好不低于30cm。为了确保新铺设的草坪平整，种植土应灌水或滚压2遍，避免后期土层不均匀沉降，导致草坪表面凹凸不平。草坪铺设前，应先浇水湿润土壤10cm以上，确保土壤含水量在70%左右。草坪卷满铺应相互衔接不留缝，高度一致。平坦草坪的表面应是中部稍高，逐渐向四周或边缘倾斜，至少应有0.3%～0.5%的坡度。铺设完成后适当镇压，浇透水。

3. 检查验收

土壤要求详见本节地形塑造与平整场地的论述。草卷、草块长宽尺寸基本一致，厚度一致，杂草不超过5%。根系好，草芯鲜活，生长势强，密度高；采用无缝铺栽，草皮紧连，不留缝隙，相互错缝，95%覆盖绿地，单块裸露面积不大于25cm^2。

七、景观施工完成后效果

图8-15～图8-22为案例项目施工后的景观效果呈现。

图 8-15 施工后景观效果一

图 8-16 施工后景观效果二

图 8-17 施工后景观效果三

图 8-18 施工后景观效果四

图 8-19 施工后景观效果五

图 8-20 施工后景观效果六

图 8-21 施工后景观效果七

图 8-22 施工后景观效果八

第三节　常见问题与整改

在植物施工阶段，业主单位会同设计单位对施工质量进行巡查评估，并提交质量报告和整改方式，这是提升植物景观质量的重要方式。可能会出现的问题有施工部位与图纸不符、植物材料与图纸不符、现场施工条件改变、施工员没有理解设计意图等。图8-23~图8-32是项目施工过程中常见的问题。

图 8-23　草花覆盖度不够，缺乏层次感

图 8-24　植物管理保护不够

图 8-25　植物没有收边，植物露土，密度不够

图 8-26　植物质量较差，密度不够

图 8-27　植物落叶，景观不适

图 8-28　树形不良，无庄严仪式感

图 8-29　植物没有断根，土球包裹不好

图 8-30　植物种植太深导致死亡

图 8-31　植物运输不当，导致枝条劈裂

图 8-32　植物种植凌乱

第九章 公园绿地植物景观营造

公园绿地是城市中向公众开放的，以游憩为主要功能，有一定的游憩设施和服务设施，同时兼有健全生态、美化景观、科普教育、应急避险等综合作用的绿化用地。它是城市绿地系统的重要组成部分，是面积最大的城市绿色基础设施，是展示城市形象、地域特色的空间场所，是反映城市环境质量和居民生活水平的重要指标。根据《城市绿地分类标准》（CJJ/T 85—2017），公园绿地包括综合公园、社区公园、专类公园和游园四种类型。

第一节　公园绿地植物景观营造要求

一、植物选择

公园绿地植物应以乡土植物为主，慎用外来物种，以便体现乡土特色和地域文化。应根据区域环境特点，选择抗逆性强的植物，以便更好适应城市高盐、污染程度高、干旱等环境特点。游憩场地及停车场不宜选用有浆果或分泌物坠地的植物，避免落下后污染汽车。采用树池种植的植物宜选深根性植物，水平根系发达植物容易因根系隆起导致树池变形破坏，影响树池的使用和景观效果，如榕树等。游人正常活动范围内，不应选用危及游人生命安全的有毒植物、有硬刺的植物，如曼陀罗等。

依据植物生态习性和适地种树原则，林下植物应具有耐阴性，其根系不应影响主体乔木根系的生长，攀缘植物种类应根据墙体等附着物情况确定。雨水花园应根据雨水滞留时间，选择耐短期水淹的植物或者湿生、水生植物。滨水区应根据水流速度、水体深度、水体水质控制目标确定植物种类。

二、植物景观营造

公园绿化用地面积不小于陆地面积的65%。植物景观营造应以总体设计确定的植物组群及效果要求为依据，采取乔灌草结合的方式，避免生态习性相克植物搭配。植物组群的营造宜采用常绿树种与落叶树种搭配，速生树种与慢生树种相结合，以便发挥良好的生态效益，形成优美的景观效果。

孤植树、树丛或树群的布置，至少应有一处欣赏点，且视距宜为观赏面宽度的1.5倍或高度的2倍。树林的林缘线观赏视距宜为林高的2倍以上，林缘与草地的交接地段，宜配植孤植树、树丛等。观赏树丛、树群近期郁闭度需大于0.50。植物配置应确定合理的种植密度，为植物生长预留空间，树林郁闭度应符合表9-1。

表9-1　树林郁闭度

类型	种植当年标准	成年期标准
密林	0.30～0.70	0.70～1.00
疏林	0.10～0.40	0.40～0.60
疏林草地	0.07～0.20	0.10～0.30

公园范围内原有健壮的乔木、灌木、藤本和多年生草本植物宜保留利用，古树名木严禁砍伐或移植，并应采取保护措施。游憩场地宜选用冠形优美、形体高大的乔木进行遮阴。游人通行及活动范围内的树木，其乔木枝下的净空应大于2.2m。

三、植物与建（构）筑物、管线

植物与地下管线的最小水平距离需符合表9-2规范，植物与建（构）筑物的最小水平距离需符合表9-3规范。乔木与地下管线或建（构）筑物的距离是指乔木树干基部外缘与管线或建（构）筑物外缘净距离，灌木或者绿篱与地下管线的距离是指地表分蘖枝干外缘与管线或建（构）筑物外缘净距离。

表9-2　植物与地下管线最小水平距离　　　　　　单位：m

名称	新植乔木	现状乔木	灌木绿篱
电力电缆	1.5	3.5	0.5
通信电缆	1.5	3.5	0.5
给水管	1.5	2.0	—
排水管	1.5	3.0	—
排水盲沟	1.0	3.0	—
消防龙头	1.2	2.0	1.2
燃气管道（低中压）	1.2	3.0	1.0
热力管	2.0	5.0	2.0
各类市政管线	1.5	3.0	1.5

表9-3　植物与建（构）筑物最小水平距离　　　　　　单位：m

名称	新植乔木	现状乔木	灌木绿篱
测量水准点	2.00	2.00	1.00
地上打桩	2.00	2.00	—
挡土墙	1.00	3.00	0.50
楼房	5.00	5.00	1.50
平房	2.00	5.00	—
围墙（高度不高于2m）	1.00	2.00	0.75
排水明沟	1.00	1.00	0.50

植物与架空电力线路导线之间最小垂直距离（考虑树木自然生长高度）应符合表9-4规范。

表9-4　植物与架空电力线路导线之间最小垂直距离

线路电压/kV	< 1	1～10	35～110	220	330	500	750	1000
最小垂直距离/m	1.0	1.5	3.0	3.5	4.5	7.0	8.5	16.0

第二节　综合公园绿地植物景观营造

综合公园是内容丰富、适合开展各类户外活动、具备完善的游憩和配套管理服务设施的绿地。规模宜大于10hm²，不小于5hm²。

一、公园入口区绿地

公园入口区绿地植物景观营造应与入口大门、构筑物、铺装设计相协调，突出装饰、美化功能，形成空间，向游人展示公园特色或造园风格。公园主入口区绿地功能是为集群活动提供合适的场所，具有人流量大、活动形式多、活动场所多等特点，一般设在靠近主要出入口处，地形较为平坦的地方。大多数城市公园主入口采用规则式布局，植物景观多采用对称式布局，完善景观构图，延伸空间序列，形成强烈的轴线感，从而引导人流、营造内向空间。

在空间开阔的主入口，应以花坛、花境、花钵或灌木丛为主，以突出园门的高大、华丽。绿化面积比例不宜过大，植物种植要空间通透，密度不宜过大，避免遮挡视线。

或种植笔直的乔木形成树阵，或种植整齐的乔木强化轴线，或种植整齐的模纹花坛。植物色彩以暖色调为主，形成活泼热闹的氛围。在空间较狭小的次入口，绿地以自然式布局为主，植物景观营造以高大乔木为主，配以美丽的观花灌木或花境，营造郁闭优雅的小环境。例如，中国科学院华南植物园入口采用高大椰子树，形成中轴对称的布局，强化序列感，如图9-1所示。

图 9-1　中国科学院华南植物园入口植物景观

二、休闲游览区绿地

休闲游览区是公园中占地面积最大、景色最优美的地方，有观赏树丛、专类园、假山、溪流等各种景观。多利用原有树木、地形的起伏、丰富的自然景观进行功能划分，形成幽静密林、疏林草地、大草坪、滨水景观等。根据使用人群的不同，形成散步、晨练、小憩、垂钓、品茗、赏景等空间利用形式。

以水体为主景的观赏游览区，根据水体形式和尺度，或利用植物组成不同外貌的群落，以体现植物群体美，形成倒影；或利用竖向生长的水生植物群落，形成片植开阔空间；或应用植物的围合，前后转换，形成不同空间，如图9-2、图9-3所示。

图 9-2　英国谢菲尔德公园中的自然式湖泊植物景观

图 9-3　美国纽约中央公园中的喷泉雕塑空间植物景观

　　密林是天然的氧吧，在林内分布自然式小路、花径，可形成幽静、神秘的景观效果。密林的郁闭度为 0.4～0.6，常采用高大的常绿乔木营造景观效果，植物搭配以自然式种植为主，采用乔灌草结合的方式，如图9-4所示。

图 9-4　英国邱园中的密林植物景观

　　以疏林草地为主的空间，利用舒缓的地形、大面积的草坪形成林相。上层为稀疏的乔木，如乌桕、悬铃木等，中层点缀少量花灌木，如紫叶李、樱花等，下层为草坪，空间通透，郁闭度为 0.4～0.6。疏林草地要求空旷，植物力求简洁。在大草坪内可配植孤植树、树丛，甚至高低错落、季相丰富的树群，也可配置大片宿根、球根花卉，组成缀花草地。乔木具有开展伞状树冠，冬季落叶，叶密度较小，树体高大，生长强健，树荫疏朗。植物按自然式栽植，做到疏密相间、有聚有散、错落有致，如图 9-5 所示。

图 9-5　英国邱园中的疏林大草坪景观

三、老年人活动区绿地

老年人活动区是主要供老年人使用的空间，植物营造应根据老年人活动规律和生理特征进行规划。在老年人活动区，宜采用高大乔木，营造林下空间。在散步区，选择杀菌康体的植物，发挥清洁空气、杀菌舒缓、滞尘降噪功效，如松柏类植物。考虑到老年人安全性，老年人活动区尽量空间通透，植物营造不宜封闭，如图9-6所示。

图9-6　综合公园老年人活动区植物景观

四、儿童活动区绿地

儿童活动区是为儿童的身心健康而设立的专门活动区。具有占地面积小、各种设施复杂的特点。根据儿童的心理和行为习惯，儿童活动区周围应种植高大的乔木遮阴，或把游乐设施分散在疏林之下。注意植物色彩的应用，以创造童话般色彩艳丽的环境，给人以轻快、欢乐的气氛。儿童活动场内宜种植萌发力强、直立生长的中高型灌木或乔木，并宜采用通透式种植，便于成人对儿童进行看护，如图9-7所示。

图 9-7 综合公园儿童活动空间植物景观

五、公园管理区绿地

公园管理区有专用出口，多同公园其他区域相隔离，景观独立性较强。若管理房为中国传统风格建筑，则可以配置中式园林，设置假山水景；若管理房为现代风格建筑，则管理区植物配置多以规则式为主，多用花坛。该区主要功能是管理公园的各项活动，具有内务活动多的特点。多布设在专用出入口交通联系方便处，周围用绿色树木与各区隔开，利用植物遮挡并软化建筑边线，如图9-8所示。

图 9-8 综合公园管理房周边植物景观

六、道路两侧绿地

主干道两侧绿地可以种植行道树，用于遮阴。道路植物的营造可以参考园林植物与景观要素章节。乔木种植点距路缘应大于0.75m，植物不应遮挡路旁标识。通行机动车辆的园路，车辆通行范围内的乔木枝下净空大于4.0m。车道的弯道内侧及交叉口视距三角形范围内，不应种植高于车道中线处路面标高1.2m的植物，弯道外侧宜加密种植以引导视线，交叉路口处应保证行车视线通透，并对视线起引导作用。以游览为主的道路两侧植物应丰富多彩，形式多样，色彩艳丽，富有趣味性，如图9-9所示。

图9-9 奥林匹克森林公园道路植物景观

七、停车场绿地

停车场绿地的树木间距应满足车位、通道、转弯、回车半径的要求，庇荫乔木枝下净空应符合规定，大、中型客车停车场乔木枝下净空大于4.0m，小汽车停车场乔木枝下净空大于2.5m，自行车停车场乔木枝下净空大于2.2m，场内种植池宽度应大于1.5m，如图9-10所示。

图9-10　停车场绿地植物景观

第三节　社区公园绿地植物景观营造

　　社区公园的用地独立，规模宜大于 1hm²，具有基本的游憩和服务设施，主要为一定社区范围内的居民就近开展日常休闲活动服务，功能区较少。社区公园植物景观相对简单，植物景观形式相对不复杂，层次较为单一，一般为 2 ~ 3 层，主要是营造一个较为舒适的环境。

一、入口区绿地

　　与综合公园不同，社区公园入口区设置主要为方便周边的社区居民，相对简单，以营造植物小环境为主。图9-11为某社区公园入口景观。

二、运动区绿地

　　运动区主要为市民提供小型运动场地，如篮球、足球、羽毛球等，植物以常绿乔木为主，空间通透。图9-12为某社区公园运动场周边植物景观。

图 9-11　社区公园入口区景观

图 9-12　社区公园运动场周边植物景观

三、休闲区绿地

休闲区是社区公园市民活动的主要场所，休闲区既可以用于休闲活动，也可以用于观赏植物景观，如花境、雨水花园等。图9-13为某社区公园休闲区植物景观，采用乔木、规则式灌木、草坪组合，设计简洁，视线通透。图9-14为某社区公园，该社区公园与社区无缝衔接，街头小品与花境形成组合景观。

图 9-13　社区公园休闲区植物景观一

图 9-14　社区公园休闲区植物景观二

四、广场绿地

社区公园小型广场是市民晨练和傍晚活动的重要场所，但是会有一定的噪声，可以适当用丰富的植物群落隔离，如果广场面积较大，还可以采用高大乔木，组合成树阵，用于其他时间的纳凉。图9-15为某社区公园小广场植物景观，采用刺槐、木芙蓉、花境等组合。

图9-15 社区公园小广场植物景观

五、儿童活动区绿地

儿童活动区是相对独立的空间，可以利用植物进行隔离。场地内部植物较少，在成年人休息区设置乔木，遮挡阳光，如图9-16所示。

六、道路绿地

社区道路形式多样，可设计成绿道形式，用于跑步健身，植物景观相对简单（图9-17）。也可设计成散步休闲小路，植物景观可以更加自然，更加怡人（图9-18）。道路绿地需要结合周边地形，形成优美的景观。

图 9-16 社区公园儿童游乐区植物景观

图 9-17 社区公园健身绿道通透的植物景观

图 9-18　社区公园道路绿地充满野趣的植物景观

七、公共配套建筑

公园内配套公共建筑物、构筑物等场地周边的植物景观，其色彩、形式、尺度、质感应与建（构）筑物相互协调。公共配套厕所应以景观的形式设置，并建设在相对明显的地方，如图9-19所示。

图 9-19　社区公园公共厕所周边植物景观

八、雨水花园与植草边沟

海绵城市理念在公园中得到广泛应用，如雨水花园、植草边沟等（图9-20、图9-21）。雨水花园选择耐短期水淹的植物，如菖蒲、芦苇、美人蕉、百喜草、狭叶薹草、麦冬等。

图 9-20　社区公园健身绿道植草边沟

图 9-21　社区公园雨水花园

九、应急避难场所

公园的应急避难场所是公园的重要功能之一。公园应急避险功能的确定和相应场地、设施的设置，应以城市综合防灾要求、公园的安全条件和资源保护价值要求为依据，应急避难场所植物景观营造通常以种植草坪为主，如图9-22所示。

图9-22 社区公园的应急避难场地

第四节 公园植物景观概念性设计

下面以华东地区某综合公园为例，讲解公园植物景观概念性设计。

该公园位于华东地区某海滨城市，作为市民休闲娱乐的场地。植物景观要考虑海滨防护的需要，特别是要考虑盐碱地的种植条件。鸟瞰图及总平面图见图9-23、图9-24。植物概念性方案设计见图9-25~图9-34。

图9-23 综合公园鸟瞰图

1. 停车场
2. 入口广场
3. 银杏大道
4. 市民活动广场
5. 蓬莱之花雕塑

6. 矿井门平台
7. 休闲海边下沉广场
8. 海上栈桥
9. 莲花平台
10. 莲花雕塑

11. 鸢尾花海
12. 小型草坪足球场
13. 健身广场
14. 文化展示广场
15. 儿童沙坑戏水池

16. 门球场
17. 跳舞广场
18. 儿童玩具
    老年人活动器械
19. 樱花群落

20. 篮球场
21. 特色盆景园
22. 海边暖房
23. 景观平台
24. 跳望平台

图 9-24 综合性公园总平面图

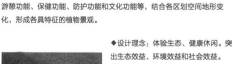

◆设计原则：依据蓬莱绿地规划系统，植物造景以蓬莱地区乡土树种为主，适当选用经多年引种驯化的外来植物。

◆设计手法：以现代园林植物造景手法，在色彩、层次、形态、季相等进行变化，通过点、线、面的有机结合构成网络式的绿色景观。重点区域采用较为名贵树种，以起画龙点睛之效果。充分发挥植物的景观功能、游憩功能、保健功能、防护功能和文化功能等，结合各区划空间地形变化，形成各具特征的植物景观。

◆设计理念：体验生态、健康休闲。突出生态效益、环境效益和社会效益。

◆设计目标：春季繁花似锦，夏季绿树成荫，秋季叶色多变，冬季银装素裹，景观各异。追求绿化、美化、彩化、香化的目标。

图 9-25 植物景观总体规划

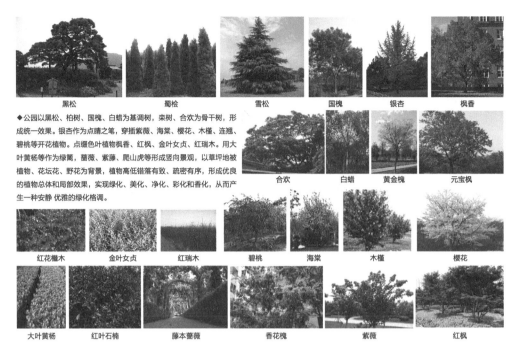

◆公园以黑松、柏树、国槐、白蜡为基调树，栾树、合欢为骨干树，形成统一效果。银杏作为点睛之笔，穿插紫薇、海棠、樱花、木槿、连翘、碧桃等开花植物。点缀色叶植物枫香、红枫、金叶女贞、红瑞木。用大叶黄杨等作为绿篱，蔷薇、紫藤、爬山虎等形成竖向景观，以草坪地被植物、花坛花、野花为背景，植物高低错落有致、疏密有序，形成优良的植物总体和局部效果，实现绿化、美化、净化、彩化和香化，从而产生一种安静 优雅的绿化格调。

图 9-26　植物树种规划

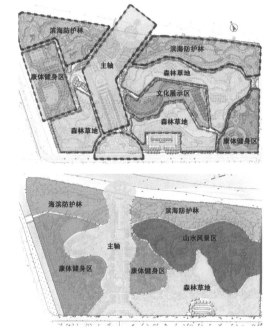

图 9-27　植物空间规划

◆植物空间规划：依据两个设计方案的空间类型，将植物设计归纳为以下几个不同空间区域，主轴区、文化展示区、森林草地区、滨海防护林、道路、康体健身区（儿童、青少年和老年活动区）和山水风景区。

主轴区：植物突出轴线和阵列感，烘托主题雕塑。主景树：银杏。
文化展示区：应用植物意境，突出文化。主景树：黑松、梅花等。
森林草地区：营造人工生态氧吧。主景树：女贞、柏树等。
滨海防护林：生态防风屏障，突出山林野趣。主景树：黑松、柏树。
道路：植物有疏有密，有收有放，步移景异。主景树：紫薇、海棠等。
康体健身区：
①儿童活动区营造色彩轻松、明快气氛，植物无毒无刺。主景树：紫叶李等。
②青少年活动区：结合地形，突出简洁。主景树：白皮松等常绿植物。
③老年人活动区：营造独立安静空间。主景树：女贞、雪松、栾树等。
山水风景区：突出水边休闲。主景树：柳树、碧桃、水杉等。

◆中轴：上层采用10m以上高大通透的银杏，营造强烈的轴线和阵列感，烘托主题雕塑，突显气势。下层采用色叶灌木如金森女贞、红花檵木和草花，组成大型模纹花坛形成丰富的色彩变化。

◆道路：一级步道以女贞、黑松、国槐、栾树、白蜡为行道树，规则式种植，营造统一、整体和序列感。二级健康步道依据蜿蜒曲折的园路和微地形，通过乔木和花灌木组合围合空间，有挡有敞，有疏有密，有收有放，达到步移景异的效果。如紫薇、海棠、木槿、紫叶李等。

图9-28　道路绿地植物景观概念设计

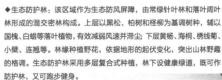

◆生态防护林：该区域作为生态防风屏障，由常绿针叶林和落叶阔叶林形成的混交密林构成。上层以黑松、柏树和柽柳为基调树种，辅以国槐、白蜡等落叶植物，有效减弱风速并滞尘；下层黄杨、海桐、绣线菊、小檗、连翘等。林缘种植野花，依据地形的起伏变化，突出出山林野趣的格调。生态防护林采用多层复合式种植，林下设健康绿道，既可作防护林，又可跑步健身。

◆密林氧吧：该区域以高含量的对人体健康极为有益的森林空气负氧离子和植物精气等生态因子为特色，为人工生态密林氧吧，游人在林中漫步，享受森林浴，心清凉舒爽，肺清新有力。以女贞、枫香、黑松、柏树等绿量大的乔木为基调植物，林缘种植樱花、连翘、海棠等开花小乔木作为观赏，梅花、蜡梅、丁香等作为消除疲劳的香花植物，大草坪中间点缀几组雪松分割草坪空间。

◆阳光大草坪：该场所为游人提供活动休憩空间，亲朋好友相约晒太阳、交流、放风筝，阅读等。草种可选用结缕草、高羊茅等。

图9-29　森林草地区植物景观概念设计

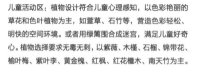

儿童活动区：植物设计符合儿童心理感知，以色彩艳丽的草花和色叶植物为主，如萱草、石竹等，营造色彩轻松、明快的空间环境。或者用绿篱围合成迷宫，满足儿童好奇心。植物选择要求无毒无刺，以紫薇、木槿、石榴、锦带花、榆叶梅、紫叶李、黄金槐、红枫、红花檵木、南天竹为主。

青少年活动区：植物以简洁为主，结合地形变化，留出较大的草坪空间，点缀黑松、白皮松等常绿植物。

老年人活动区：选择有益身心健康的保健植物。采用女贞、柏树、雪松等常绿植物围合，形成较为独立安静空间，内部采用栾树、悬铃木等分枝点高的落叶植物，形成夏季幽静凉爽，冬季阳光充裕的环境。

图 9-30　康体健身区植物景观概念设计

◆文化展示区：该区域表达蓬莱在航海、抵御倭寇、海外贸易等方面的民俗和历史文化。利用植物丰富的自然色彩、柔和多变的线条、优美的姿态及风韵增添休闲文化展示建筑的美感，使之相互融合。运用中国古典园林中植物景观特有的意境美，表现蓬莱人民的坚强、毅力、勤劳、开拓的精神。黑松苍劲古雅，不畏霜雪风寒的恶劣环境，具有坚贞不屈、高风亮节的品格。梅花香自苦寒来，象征梅花坚强、开拓的品格。菊花耐寒霜，晚秋独吐幽芳，象征君子品格。桃花在象征幸福、美好未来。以黑松为背景，梅花为中景，菊花为前景，桃花为点景，配以景石，利用点、线、面及地形的起伏变化加强空间的韵律感，丰富景观层次。

图 9-31　文化展示区植物景观概念设计

◆山水风景区：以垂柳、碧桃形成桃红柳绿意境，同时在水边种植水杉，起到线条构图的作用，丰富水面空间的色彩。沿水系采用自然配置手法，组合错落有致。植物主要有垂柳、碧桃、水杉、红枫、千屈菜、鸢尾、菖蒲等。

图 9-32 山水风景区植物景观概念设计

图 9-33 海岸防护带植物景观概念设计

图 9-34　海滨之花雕塑植物景观概念设计

第十章　居住绿
地植物景观营造

居住绿地是附属绿地的重要组成部分，是指在居住区范围内，在除社区公园、建筑、公共基础设施及道路用地以外的地方进行园林绿化，布置园林建筑和园林小品，为居民提供休憩、娱乐等活动的场所。

第一节　居住绿地植物景观营造规范

1. 植物选择

① 优先选择观赏性强的乡土植物。

② 选择根系较为发达、抗污染的植物。

③ 居住绿地的采光总体较差，选用相对耐阴的树种。

④ 选择寿命较长、无针刺、无落果、无飞絮、无毒、无花粉污染的植物。

⑤ 选择保健类及芳香类植物，不宜选有毒、有异味及易引起过敏的植物。

⑥ 充分保护和利用绿地内现状树木。

2. 植物营造

综合考虑植物生态习性和生境，做到适地种树。居住绿地植物配置应合理组织空间，做到疏密有致、高低错落、季相丰富，结合环境和地形创作优美的林缘线和林冠线。植物群落以乔木、灌木和草坪地被植物相结合的多种植物配置形式为主。合理确定快、慢长树的比例，慢长树所占比例一般不少于树木总量的40%。根据地域差异，合理确定常绿植物和落叶植物的种植比例。乔木配置不应影响住户内部空间采光、通风和日照条件。新建居住内的绿色植物种植面积占陆地总面积的比例不应低于70%，改建提升的面积不应低于原指标。

3. 植物与建（构）筑物距离

依据CJJ/T 294—2019《居住绿地设计标准》，植物与建（构）筑物最小水平距离应符合表10-1要求，植物与地下管线的距离可以参考GB 51192—2016《公园设计规范》。

表10-1　植物与建（构）筑物最小水平距离　　　　　单位：m

名称	至乔木中心	至灌木中心
建筑物南窗外墙	5.5	1.5
建筑物其余窗外墙	3.0	1.5

续表

名称	至乔木中心	至灌木中心
建筑物无窗外墙	2.0	1.5
挡土墙顶内和墙角外	2.0	0.5
围墙（2m高以下）	1.0	0.75
道路路面边缘	0.75	0.5
人行道路面边缘	0.75	0.5
排水沟边缘	1.0	0.3
体育用场地	3.0	3.0
测量水准点	2.0	1.0

第二节 居住绿地植物景观营造特点

按照居住绿地组成划分，可以分为组团绿地、宅旁绿地、小区道路绿地、配套公建绿地、垂直绿化和屋顶绿化。依据 GB 50180—2018《城市居住区规划设计标准》中居住街坊绿地的要求，居住街坊的集中绿地应首先满足：新区绿地面积应不低于0.50m²/人，旧区改造应不低于0.35m²/人。集中绿地宽度不应低于8m，标准的建筑日照阴影线范围以外的绿地面积不应少于1/3。图10-1为某小区住宅与周边商业、公园绿地平面图，图10-2为鸟瞰图。

图 10-1 某小区绿地总平图

图 10-2　某小区绿地鸟瞰图

一、组团绿地

组团绿地是居住组团中集中设置的绿地，是为居民提供公共活动、休闲活动、日常锻炼的场所。组团绿地依据地形地貌、建筑小品、道路系统等景观元素，考虑功能需求，采取灵活方式进行植物景观营造。由于组团绿地是居住小区的中心公共绿地，绿地面积较大、较集中，植物与地形地貌、建筑小品、道路系统等共同营造形式和功能多样的空间。图10-3、图10-4为某小区A组团绿地平面图与效果图。

图 10-3　小区 A 组团绿地平面图

图 10-4　小区 A 组团绿地效果图

尺度较大的空间，应以密林、疏林、草地相结合，乔灌花草相搭配的形式进行植物景观营造。利用地形和多层次植物将组团绿地与道路适度隔离，内部营造绿色小山丘和立体景观来增加绿视率，创造一个内向的静谧空间，适当种植落叶大乔木，营造夏季凉爽、冬季明亮之感，避免荫蔽环境的出现。色彩方面，宜选用色调明快的植物，应在品种选择与配置上，应做到三季有花，四季有景。如春季开花的丁香、碧桃、迎春，夏季开花的紫薇，秋季开花的木芙蓉、木槿等。图10-5、图10-6为某小区B组团绿地平面图与效果图。图10-7、图10-8分别为自然式组团绿地鸟瞰图和规则式组团绿地鸟瞰图，图10-9为自然式风格组团绿地植物与廊架构成的景观。

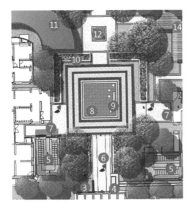

图 10-5　小区 B 地块组团绿地平面图

图 10-6　小区 B 地块组团绿地效果图

图 10-7　自然式组团绿地鸟瞰图

图 10-8　规则式组团绿地鸟瞰图

图 10-9　小区组团绿地植物景观与廊架

二、宅旁绿地

宅旁绿地是居住区内紧邻住宅建筑周边的绿地，一般呈现带状，面积较小。宅旁绿地的功能其一是柔化建筑，形成过渡空间；其二是阻止居民靠近建筑，避免高空坠物伤人；其三是防止夜间行车眩光。山墙面宅旁绿地面积相对较大，可采用自然式布局，并布置休息坐凳，住宅单元入口可采用植物景观增强可识别性，住宅背面绿地面积小，应以简单绿化为宜。图10-10、图10-11为某小区宅旁绿地平面图和效果图。

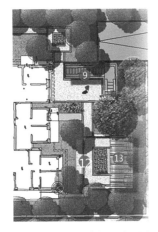

图 10-10　宅旁绿地平面图　　　　　　　　　　　　　　　　　图 10-11　宅旁绿地效果图

　　住宅周围常因建筑物遮挡形成面积不一的庇荫区，应重视耐阴树木、地被的选择和配置，建筑物南面不宜种植过密过大的植物，近窗不宜种植高大乔木与灌木等，不应影响住户的通风采光。建筑物西面，需种植高大阔叶乔木，对于夏季降低室内温度有明显的效果（图10-12）。

图 10-12　宅旁绿地植物景观

在建筑墙基和角隅，采用高大乔木、低矮的灌木软化建筑线条的生硬感，如朴树、南天竹、八角金盘等都是很好的选择。建筑外墙采用黑色等深色调，植物宜选择色彩明亮、疏朗造型的花木，打破沉闷的基调。建筑外墙采用米黄色等浅色调，植物宜选择色彩深绿、枝叶茂密的品种。

三、小区入口区绿地

小区入口的植物景观非常重要，根据不同的风格和场地特征进行配置。如果入口有进深，则可以列植，或者在门卫室绿地种植乔木，与入口建筑、大门协调。图10-13为某小区入口绿地效果图。

图10-13 小区入口绿地植物景观效果图

四、小区道路绿地

小区道路绿地是居住用地内道路用地（道路红线）界限以内的绿地。小区道路绿化应兼顾生态、防护、遮阴和景观效果，并根据道路等级进行营造。小区主要道路应保证消防功能，空间尺度较大，可以选用地方特色观赏植物，形成特色路网绿化景观，可采用乔灌草结合形成层次丰富的景观效果。次要道路绿化以提高居民舒适度为主，植物多选择小乔木和开花灌木，配置形式多样。小区其他道路绿地应保持绿地内植物的连续性和完整性，道路交叉口绿化视线范围内采用通透式布局。

从节能方面考虑，东西方向的道路可选择落叶树作为行道树，南北方向的道路可选择常绿树作为行道树。行道树应尽量选择枝冠水平伸展的乔木，能起到遮阳降温作用。植物一般选择树形优美、季相丰富和遮阴优良的树种，如广玉兰、合欢、香椿、梧桐等。图 10-14、图 10-15 为小区道路周边绿地植物景观。

图 10-14　小区道路周边绿地植物景观一　　　图 10-15　小区道路周边绿地植物景观二

五、小区儿童游乐区绿地

小区儿童游乐区是孩子玩耍的区域，植物景观营造简单、通透，一般采用乔木、开花灌木和草坪，形成较为规则的形式，将儿童空间进行隔离。图 10-16 为小区儿童游乐区植物景观。

图 10-16　小区儿童游乐区植物景观

六、配套公建绿地

配套公建绿地是居住用地内的配套公建用地界限内所属的绿地。配套公建包括管理房、变电箱、煤气调压站、垃圾中转房、通风井、停车场等，配套公建与住宅之间采用多种绿化形式进行隔离，通过绿化协调不同功能建筑、区域之间的景观及空间关系。活动场地内适宜种植高大乔木，夏季植物的遮阴面积不低于场地的50%，枝下净空应大于2.2m。图10-17、图10-18为配套公建绿地植物景观。

图10-17　通风井植物隔离一　　　　　　　　图10-18　通风井植物隔离二

教育类公建绿化种植应满足相关建筑日照要求，并可适当提高开花、色叶类植物的种植比例。对有一定危险的公共设施（如变电箱等），应采用绿化对其进行隔离。

七、垂直绿化

垂直绿化是在具有垂直高差的立面上，以植物材料为主的绿化形式。按照构造形式与使用材料，可分为攀缘式、框架式、种植槽式、模块式、铺贴式、柱杆式、桥墩式、假山式等。垂直绿化能削弱建筑对场地的影响，能显著降温增湿、减弱风速，对人体舒适度有积极影响。常见的垂直绿化植物如表10-2所示。

表10-2　常见的垂直绿化植物

名称	生物学特征	生态习性	应用方式
肾蕨	中型草本，匍匐茎，附生或土生	喜温暖潮润半阴环境，忌阳光直射，不耐寒，稍耐旱	壁挂栽植模块、种植槽、门廊、柱杆
三角梅	常绿藤状灌木棘刺（枝刺）攀缘	喜阳，喜高温、湿润的气候，耐旱，忌积水，不耐寒	棚架、种植槽、阳台、花篱、门廊、廊柱、墙垣、山石

续表

名称	生物学特征	生态习性	应用方式
铁线莲	多年生草质藤本，叶卷须攀缘	喜半阴、忌酷热，喜温暖湿润的环境，耐贫瘠	花廊、棚架、围栏、柱杆、墙垣、花格景墙、阳台
藤本月季	落叶藤木，棘刺（皮刺）蔓生	喜阳，较耐寒，忌积水和干旱。抗病害能力强，耐修剪	花廊、棚架、围栏、柱杆、墙垣、花格景墙、篱栅、阳台
紫藤	落叶藤木，缠绕茎攀缘	喜阳，略耐阴，耐干旱，喜湿润肥沃，适应性强	花廊、棚架、围栏
绿叶爬山虎	落叶藤木，卷须吸附攀缘	速生，适应性强，生长健壮	墙垣、花廊、棚架、山石覆盖
中华常春藤	常绿藤木，气生根攀缘	中性，稍耐阴，耐干旱瘠薄	墙垣、山石覆盖、围栏、种植槽
迎春	落叶灌木，蔓生匍匐	喜阳，耐阴，较耐寒，耐干旱和瘠薄，怕涝	护坡、阳台、种植槽
佛甲草	多年生草本，匍匐生长	中性，适应性强，较耐旱，耐瘠薄，耐寒，喜阴湿	室内盆吊、护坡、壁挂栽植模块
酢浆草	多年生常绿草本，蔓生匍匐	喜阳耐阴，喜温暖湿润，抗旱不耐寒，土壤适应性强	护坡、山石覆盖、种植槽、壁挂栽植模块
天门冬	多年生常绿草本	喜温暖、湿润环境，耐寒、耐旱	种植槽、盆吊、阳台雨棚、棚架、壁挂栽植模块
绿萝	多年生常绿草本，气生根吸附	喜阴，喜温暖湿润环境	室内盆吊、墙垣、围栏、壁挂栽植模块

八、屋顶绿化

屋顶绿化是在各类建筑物和构筑物顶面的绿化。种植屋面绿地首先应充分考虑屋面结构的荷载要求。植物设计应遵循"防、排、蓄、植并重，安全、环保、节能、经济，因地制宜"的原则。依据 JGJ 155—2013《种植屋面工程技术规程》，屋顶绿化不宜选用根系穿刺性强的植物，不宜选用速生乔木、灌木植物，高层建筑屋面宜种植地被植物和小灌木，坡屋面宜种植地被植物。高层建筑屋顶花园设计乔灌木高度不宜超过2.5m，乔灌木主干距离女儿墙应大于乔灌木本身的高度，其他屋顶乔灌木距离边墙不宜小于2m。根据气候特点、屋面形式及区域文化特点，宜选择适合当地种植的植物种类。图10-19为屋顶花园植物景观。

图 10-19　屋顶花园植物景观

屋顶绿化初栽植物种植荷载应符合表 10-3 的要求。

表10-3　初栽植物种植荷载

植物类型	小乔木（带土球）	大灌木	小灌木	地被植物
植物高度或面积	2.0～2.5m	1.5～2.0m	1.0～1.5m	1.0m²
植物荷重	0.8～1.2 kN/株	0.6～0.8 kN/株	0.3～0.6 kN/株	0.15～0.3kN/m²
种植荷重/（kN/m²）	2.5～3.0	1.5～2.5	1.0～1.5	0.5～1

承载力较小的屋顶花园，因种植土层较薄，不适宜种植乔、灌木，而以地被植物和草坪为主，故花园视线通透、空间开阔，可形成开敞式的植物景观。绿地形式分为规则式和自然式。规则式种植宜选择耐修剪的地被，布置成高度一致的规则几何形图案；自然式种植可布置成外轮廓曲折变化的平面形状，形成不需修剪、管理粗放、具有天然野趣的植物景观。承载力较大的屋顶花园，可以种植小乔木和灌木，并结合地被植物和草坪营造丰富多样的疏朗型植物景观。注意选择耐干旱、耐风吹的植物。北方屋顶绿化常用植物见表 10-4，南方屋顶绿化常见植物见表 10-5。

表10-4 北方屋顶绿化常用植物

植物名称	特点	植物名称	特点
白皮松	稍耐阴，观树形	紫叶李	稍耐阴，观花、叶
桧柏	观树形	樱花	喜阳，观花
龙爪槐	稍耐阴，观树形	海棠	稍耐阴，观花、果
玉兰	稍耐阴，观花、叶	山楂	稍耐阴，观花
大叶黄杨	耐旱，观叶	碧桃	观花
金叶女贞	稍耐阴，观叶	紫薇	观花、叶
连翘	耐半阴，观花、叶	黄栌	耐旱，观花、叶
榆叶梅	耐寒、耐旱，观花	木槿	观花、果
郁李	稍耐阴，观花、果	月季	阳性，观花
景天类	耐旱、观花、叶	五叶地锦	观叶，可匍匐栽种
石竹类	耐寒，观花、叶	常春藤	观叶，可匍匐栽种
白三叶	耐半阴，观叶	小叶扶芳藤	观叶，可匍匐栽种

表10-5 南方屋顶绿化常用植物

植物名称	特点	植物名称	特点
苏铁	喜强光、温暖	白玉兰	喜温湿，稍耐阴
罗汉松	喜温湿、半阴	构骨	喜温湿，耐阴
蚊母	喜光，耐修剪	龙爪槐	喜光，耐半阴
红花檵木	喜光，耐寒、耐旱	金橘	喜温湿，耐寒，耐旱
瓜子黄杨	喜半阴，耐修剪	茶花	喜温湿、半阴环境
大叶黄杨	喜光，耐阴	火棘	喜光
栀子花	喜光、温湿	迎春	喜光，不耐寒
紫荆	喜光、湿润，不耐寒	云南黄馨	喜光、温湿，稍耐阴
茉莉	略耐阴，不耐寒	垂盆草	喜温湿
翠菊	喜光，半耐阴	半枝莲	喜温湿
百日草	喜温，耐寒	菊花	略耐阴，耐寒
矮牵牛	喜光，半耐阴	一串红	喜阳，耐寒
鸡冠花	喜温，耐寒	百枝莲	喜光，耐寒
五叶地锦	喜温，耐寒	常春藤	略耐阴，不耐寒
紫藤	喜光，耐寒	凌霄	喜温，耐寒

第三节 不同建筑风格植物景观特点

常见小区建筑风格有新中式、欧式、美式、现代等，为保持景观与建筑的风格统一，植物景观风格应与建筑形式保持一致，不同建筑风格小区的植物景观有自身特点。

一、新中式风格

新中式园林景观将传统中式园林材料、色彩、线条等与现代设计手法相结合，是传统中式园林景观的传承与创新。新中式园林景观既具备传统园林的沉着和韵味，又带有现代园林的简约、大气、尊贵，具有清、静、雅的气质。

围合式院落的新中式植物景观，以少胜多，强调个体美、意境美，钟情自然。与中国古典园林植物不同，新中式植物景观更为简洁明朗。古典园林植物种植以自然形、多层次、多品种植物混植，而新中式景观植物种植以自然型和修剪整齐的植物相配合种植，植物层次较少，多为2~3层，一般为"乔木层＋地被层＋草坪或大灌木"等形式，品种选择也较少。二者相同点是都营造诗情画意的意境，植物材料也相同，如都常采用松、竹、梅、荷花、桂花、紫薇、垂柳、芭蕉、迎春、牡丹、月季、兰花等。采用的种植方式也类似，多采用孤植、对植、林植、丛植等设计手法，采用对景、框景、借景等营造方式。图10-20、图10-21中的植物景观运用中国传统植物，营造意境。

图10-20　紫薇对称种植营造意境

图10-21　羽毛枫与苔藓等构成山地景观意境

二、欧式风格

欧式景观风格传承了欧洲建筑中的皇家贵族气派，以厚重、圆润、贵气为主要特点。景观元素包括廊柱、复杂的雕刻、雕塑、花坛、喷泉水景等。

法式植物景观应用精美的规则式图案，整齐的乔木、绿篱、模纹花坛，常用植物有椴树、欧洲七叶树、山毛榉、意大利柏、黄杨、月季等。英式风格景观园林通常采用自然式疏林草地景观，大面积的自然生长花草是其典型特征之一。自然树丛草地、自然式地形、花卉绿植、花境和爬藤植物随处可见，蜿蜒曲折的河流、道路体现出浓郁的自然情趣。自然式植物群落高低错落、层次丰富、色彩艳丽、林冠线优美。常用植物有悬铃木、槭树、七叶树、花楸、欧洲白蜡、绣球花、菖蒲、天竺葵、虞美人、蔷薇、铁线莲等。

简欧风格是在古典欧式风格基础上的创新发展，但保留了大致风格，仍可以感受到传统的历史痕迹与浑厚的文化底蕴，同时又摒弃了过于复杂的肌理和装饰，简化了线条。植物景观多采用规则式对称，灌木多用绿篱形式，局部做些变化。图10-22为简欧风格的住宅小区平面图，图10-23～图10-25为简欧风格的植物景观。

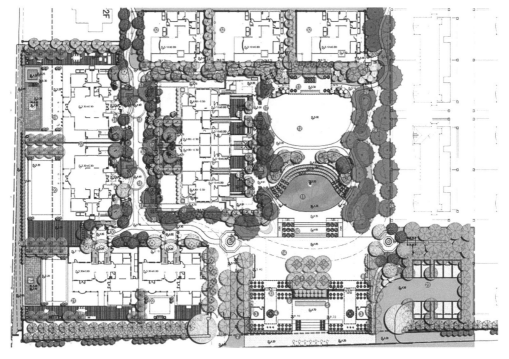

图10-22 简欧风格住宅小区平面图

图 10-23　列植的乔木与绿篱

图 10-24　列植乔木与欧式花钵

图 10-25　列植的乔木与绿篱色块

地中海风格主要体现热带、亚热带风情，大量运用棕榈科植物和色彩绚丽的花灌木，以及大叶灌木、开放式的草地。地上、墙上、木栏上处处可见花草藤木组成的立体绿化。常用植物有棕榈、蒲葵、加拿利海枣、三角梅、藤本月季、洒金珊瑚、春羽、桃叶珊瑚等。图 10-26 为地中海风格住宅小区平面图，图 10-27、图 10-28 为地中海风格植物景观。

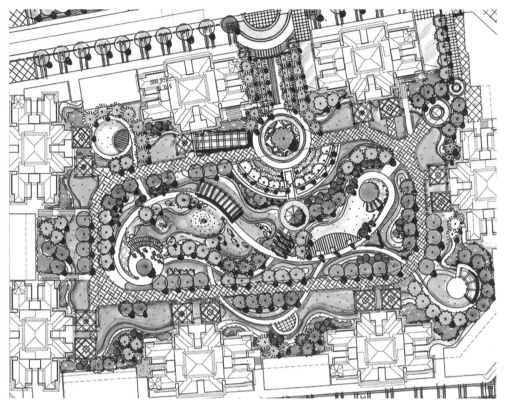

图 10-26　地中海风格住宅小区平面图

图 10-27　地中海风格湖边植物景观

图 10-28　地中海风格住宅入口处植物景观

三、美式风格

与欧式风格相比，美式风格趋于简练、自然，布局开敞而且自然，沿袭了英式园林自然风致的风格，展现了乡村的自然景色，让人与自然互动起来，同时讲究线条、空间、视线的多变。

美式风格种植的理念是将高树、大树种植在建筑近处，并在阴阳角部位种植常绿植物，依层次分别种植花树、灌木、地被等植物。力求做到分层次、分颜色、有开阔感、疏密有致。无论是乔木还是灌木，种植时按照高低前后搭配种植。小乔木和灌木按植物的色彩进行搭配种植，种植方式大气豪放。美式园林中最具特色的就是大面积的开放式草坪和观赏草的使用，简洁大方的乔木与草坪的搭配总是能博得人们的喜爱。图10-29、图10-30为美式风格植物景观。

图 10-29　美国西部两层建筑周边植物景观

图 10-30　美国西部单层建筑周边植物景观

四、现代简约风格

现代简约风格为硬景塑造形式与自然化处理相结合，多采用折线形式，转角线条流畅，注重微地形空间。通过现代简约的点线面手法组织景观元素，运用硬质景观（如铺装、构筑物、雕塑小品等）营造视觉焦点，运用自然的草坡、绿化，结合丰富的空间组织，凸显现代园林与自然生态的完美融合。植物造景不注重层次丰富、数量繁多，而在意每株植物的品质，造景手法简洁、明快，植物景观构图简单，整洁纯粹。图10-31为现代简约风格植物景观平面图，图10-32、图10-33为效果图。

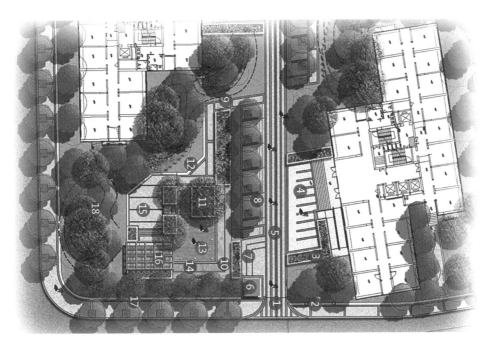

图10-31　现代简约风格住宅小区植物景观平面图

图10-32　现代简约风格水景周边植物景观

图10-33　现代简约风格围墙边植物景观

第十一章　城市道路与广场绿地植物景观营造

城市道路与广场绿地是城市绿地系统的廊道与节点，是构成城市生态系统的重要组成部分。城市道路与广场绿地也是展示城市形象的重要载体，反映出城市的环境质量与精神风貌，具有较高的景观价值。城市道路与广场绿地还是市民休闲和娱乐的重要场所，具有良好的游憩价值。

第一节　城市道路绿地

一、城市道路的概念与分类

城市道路是指由城市专业部门建设和管理、为全社会提供交通服务的各类各级道路的统称，它担负着城市交通的主要设施，是城市生产、生活的文脉，同时也是组织城市结构布局的骨架，还是绿化、排水和城市其他工程基础设施的主要空间。城市道路系统从功能上可分为道路系统和辅助道路系统，根据我国行业标准CJJ 37—2012《城市道路工程设计规范（2016年版）》，将城市道路分为四级，快速路、主干路、次干路和支路。

二、城市道路绿地的概念与分类

根据CJJ/T 85—2017《城市绿地分类标准》，城市道路绿地是指附属绿地中所内含的道路与交通设施附属绿地。根据CJJ 75—1997《城市道路绿化规划与设计规范》，城市道路绿地可分为道路绿带、交通岛绿地、广场绿地和停车场绿地。其中道路绿带分为行道树绿带、分车绿带和路侧绿带。

三、城市道路断面布置形式

目前，我国城市道路断面常用的形式有一板两带式、两板三带式、三板四带式、四板五带式等类型。

1. 一板两带式

一板两带式道路俗称的单幅路，在道路绿化中最常用，即一条车行道，两条绿化带，在车行道的两侧与人行道的分割线上种植行道树（图11-1）。一般支路宜采用单幅路，常见于机动车专用道、自行车专用道以及大量的机动车与非机动车混合行驶的次干路和支路。一板两带式道路具有操作简单、用地经济、管理方便的优点，但当车行道过宽时，行道树的遮阴效果较差，不利于机动车辆与非机动车辆混合行驶时的交通管理。

图 11-1　一板两带式道路断面图

2. 两板三带式

两板三带式道路也称两幅路，是指在车道中心用分隔带或分隔墩将车行道分为两半，上、下行车辆分向行驶，在分隔单向行驶的两条车行道中间绿化，并在道路两侧布置行道树。两板三带式道路也叫作双幅路，一般次干路宜采用单幅路或双幅路（图11-2）。中央分隔带可以解决对向机动车流的相互干扰，适用于纯机动车行驶的车速高、交通量大的交通性干道。在地形起伏变化较大的地段，利用有高差的中央分隔带，还可减少土方量和道路造价。规范规定，当道路设计车速大于50km/h时，必须设置中央分隔带。绿化分隔带有利于形成良好的景观绿化环境，可分离路段上的机动车与非机动车，大大减少二者间的矛盾，常用于景观、绿化要求较高的生活性道路，但交叉口的交通组织不易处理，除某些机动车和自行车流量、车速都很大的近郊区道路外，一般较少采用。

3. 三板四带式

三板四带式道路（三幅路）是指利用两条分隔带把车行道分成三部分，中间为机动车道，两侧为非机动车道，连同车道两侧的行道树共为四条绿带，一般主干路宜采

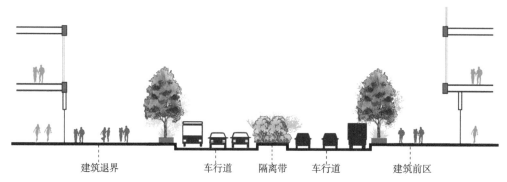

建筑退界　　　　车行道　隔离带　车行道　　　建筑前区

图 11-2　两板三带式道路断面图

用四幅路或三幅路（图 11-3）。三板四带式道路有利于机动车和非机动车分道行驶，可以提高车辆的行驶速度、保障交通安全。在分隔带上布置多层次的绿化能够取得较好的景观效果，夏季荫蔽效果好，组织交通方便，安全可靠，解决了各种车辆混合互相干扰的矛盾。但是，也存在部分问题，如对向机动车仍存在相互干扰；机动车与沿街用地、自行车与街道另一侧的联系不方便；道路较宽，占地大，投资高；车辆通过交叉口的距离加大，交叉口的通行效率受到影响。三板四带式道路横断面不适用于机动车和自行车交通量都很大的交通性干道和要求机动车车速快而畅通的城市快速干道。

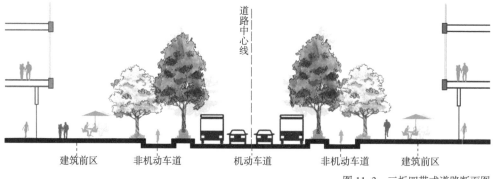

建筑前区　　　非机动车道　　　机动车道　　　非机动车道　　　建筑前区

图 11-3　三板四带式道路断面图

4. 四板五带式

　　四板五带式道路也称四幅路，是用分隔带将车行道划分为四部分（图 11-4），即在三板四带式道路的基础上，增加一条中央分隔带，以便各种车辆上行、下行互不干扰，有利于限定车速和交通安全。一般情况下，快速路或主干路设置为四幅路。当快速路两侧设置辅路时，应采用四幅路；当快速路两侧不设置辅路时，应采用两幅路。一般在城市道路中不宜采用这种道路类型。

建筑退界　　　辅道　　　车行道　隔离带　车行道　　　辅道　　　　建筑前区

图 11-4　四板五带式道路断面图

四、城市道路绿地的功能

1. 生态功能

城市道路绿化是城市的基本框架，实现了城市各个区域间的连接，构成了城市绿化系统的"骨架"，也是城市居民日常接触最多、最为亲密的绿色空间，兼具绿地的美化、生态功能，而且还在城市中发挥着优化城市道路环境、规整街面景观视觉效果、降低城市噪声及汽车尾气污染等生态功能。

城市道路绿地是城市绿地的一部分，通过设置绿化分隔带控制交通，利用绿地植物自身的特性发挥其改善城市环境、调节城市生态气候的作用。城市内部车流量大，交通繁忙，产生的汽车尾气、交通噪声及颗粒物等有害物质对城市环境和空气质量造成了严重的破坏。在城市道路中间和两侧设置隔离绿化带，种植大量绿化植物，能够有效地起到滞尘、减噪、降温降湿调节小气候的作用。树木枝叶茂密，具有强大的减低风速的作用。同时树叶表面粗糙，有绒毛或黏性分泌物，当空气中的尘埃经过树木时，便附着于其叶面及枝干上。因此，植物对烟尘和粉尘有明显的阻挡、过滤和吸附作用。绿地上空灰尘减少，从而减少了黏附其上的细菌，而且许多植物本身具有分泌杀菌素的能力，如悬铃木、桧柏、白皮松、雪松等都是杀菌能力较强的绿化树种，可以有效减少空气的细菌数量。

汽车尾气等有害气体虽对植物生长不利，但许多植物对它们仍具有吸收和净化作用。在城市道路绿化带中选择与其相应的具有高吸收和强抗性能力的树种进行绿化，对于防止污染、净化空气具有很大意义。相关研究也表明了城市道路绿地的植物群落郁闭度越大，降噪效果越明显；道路绿地林内外温度的变化幅度也有明显差异，道路绿地降温增湿作用明显；绿带越宽，滞尘、降噪效果越好；城市道路绿地建成时间越久，即植物群落越成熟，生态功能越显著。

此外，改善城市环境，提升空气质量要求在城市道路绿地中构建更加稳定的植物生态群落，借由生态系统内部抵抗力和恢复力，维持生态系统功能稳定，产生更多生态效益。稳定的生态群落构建，需要多层次、多元化的植物，在植物的选择上注重因地制宜，适地适树，宜用乡土植物，相比引用的新物种，乡土植物更加适合当地气候、土壤、生境条件，对构建稳定性的植物生态群落更具有保障，能有效减少植物病虫害。

2. 景观功能

城市的道路绿化远不止是串联景观轴点、组织交通的城市轴线，更是动态艺术景观，是城市精神面貌的体现。植物自身具有色彩美、形态美等特点，将银杏、蓝花楹这样观花、观叶、观干植物运用到行道树上，可提高景观丰富性，达到缓解视觉疲劳的综合效果。道路绿地在整体视觉上注重审美的连续性，既统一平缓又有波折起伏。从司乘人员的视角出发，道路景观是动态的序列布局，间断和连续的景观变化可构造出三维的空间动画。造景时充分利用和发挥不同植物的不同观赏特性，趣味性的植物景观布局和形态各异、色彩丰富的植物景观，有助于调和司机疲劳感。在竖向空间上，道路绿地景观林冠线的营造可以通过不同树形如圆球形、塔形、伞形等形态各异的植物构成富有层次变化的空间美感效果。

道路绿地的布局、可达性、景观层次等都体现了在乔灌草的搭配上所营造的高低错落的变化和景观空间的丰富程度。在相对狭窄的分车隔离带，优先考虑种植市花或市树，既代表城市文化，体现出人文情怀，又更加经济和生态。

3. 休闲功能

城市人口密集，人工环境的增加和扩大，易使人们感到"自然匮乏"，在生理上和心理上受到损害。城市道路绿地作为城市绿地的一部分，其休闲游憩的功能也在逐步增强，使人们在繁忙紧张的工作之余，通过户外活动消除疲劳，释放压力，调剂生活。城市道路景观绿地的主次干道布局中，宽幅林带既承担着满足市民对自然的需求，也满足了市民休闲运动的功能。在绿地中布置休闲道路、健身场地、公厕、小型商店及读书屋等，以满足不同年龄层次市民的慢行、体育锻炼、交流互动等活动需求。

4. 交通功能

设置中央绿化隔离带是满足道路人车分流和快慢车分道、提高通行效率、保证交通安全最高效的措施之一。中央绿化隔离带可以有效减少相向行驶车辆的互相干扰，夜间还能避免对向车灯造成的眩光，降低安全风险。机动车道和非机动车道之间安排绿化隔离带能解决快慢车混杂的问题，减少机动车和非机动车的剐蹭。人行道和车行道之间设置绿化隔离带能够防止行人随意横穿马路，减少意外事故的发生。

第二节　城市道路绿地植物景观营造

一、道路绿地营造原则

城市道路绿地景观的营造同城市绿地景观营造一样，都需要遵循相关的设计规范，经过系统的规划设计。城市道路绿地植物景观配置应当在考虑道路的功能、性质、人性化和车型的要求、景观空间的构成、立地条件，以及与其他市政公用设施关系的基础上，进行植物种植设计和植物选择。

1. 植物选择原则

城市道路绿地植物景观营造，应充分运用灵活的植物造景手法，尽量保留原有的自然景观、有价值的原有树木、名木古树，保护道路原有生态系统和生态功能。应结合当地树种规划，选择乡土树种；应遵循适地适树原则，并符合植物间伴生的生态习性；选择适应道路环境、生长稳定、观赏价值高、环境效益好、便于管理、养护成本低、能体现地域特色的植物。道路绿地应重视对乡土树种和长寿树种的选择和应用，以乔木为主，乔木、灌木、地被植物相结合，使土壤不裸露在外。根据海绵城市建设的要求，设置雨水调蓄设施的道路绿化用地内植物宜根据水分条件、径流雨水水质等进行选择，宜选择耐淹、耐污、耐旱等能力较强的树种；在未设置雨水调蓄设施的道路绿化用地内应选择抗逆性强、节水耐旱、抗污染、耐水湿的树种，可降低绿地建设管理过程中资源和能源的消耗。

路侧绿带宜选用丰富的植物种类，提高道路绿化的生态效益和城市生物多样性。道路绿化植物材料栽植密度应适宜，避免过密栽植影响植物生长。分车绿带、行道树绿带内种植的树木不使用胸径大于20cm的乔木。行道树应选择树干端直、树形端正、分枝点高且一致、冠形优美、深根性、冠大荫浓、生长健壮、适应城市道路环境条件，且落果对行人不会造成危害、具有良好生态效益的树种。行道树及分车绿带树种，应避免选择有污染性或潜在危险的种类，应避免在人流穿行密集的行道树绿带、两侧分车绿带，栽植叶片质感坚硬或锋利的植物。行道树的苗木胸径速生树种不宜小于5cm，慢生树种不宜小于8cm。花灌木应选择花繁叶茂、花期长、生长健壮和便于管理的树种。绿篱植物和观叶灌木应选用萌芽力强、枝繁叶密、耐修剪的树种。地被植物应选择茎叶茂密、覆盖率高、生长势强、萌蘖力强、病虫害少和耐修剪的木本或草本观叶、观花植物。草坪地被植物应选择萌蘖力强、覆盖率高、耐修剪和绿色期长的种类。寒冷积雪地区的城市，分车绿带、行道树绿带内种植的树木，应选择落叶树种或抗雪压树种。易受台风影响的城市，分车带、行道树绿带内种植的乔木，应选择抗风性强的树种。

2. 规划设计原则

城市道路绿化的主要功能是庇荫、滤尘、减弱噪声、改善道路沿线的环境质量和美化城市。以乔木为主，乔木、灌木、地被植物相结合的道路绿化，防护效果最佳，地面覆盖效果最好，景观层次丰富，能更好地发挥其功能作用。

园林景观路应配置观赏价值高、有地方特色的植物，并与街景结合，主干路应体现城市道路绿化景观风貌。同一条道路的绿化宜有统一的景观风格，不同路段的绿化形式可有所变化。同一路段上的各类绿带，在植物配置上应相互配合，并应协调空间层次、树形组合、色彩搭配和季相变化的关系。毗邻山、河、湖、海的道路，其绿化应结合自然环境，突出自然景观特色。不同空间的道路植物配置根据道路的功能、类型的不同因地制宜，适地适树，发挥科学性与艺术性，合理布局出植物景观效果。路侧绿带宜与相邻的道路红线外侧其他绿地相结合。道路两侧环境条件差异较大时，宜将路侧绿带集中布置在条件较好的一侧。

为保证道路行车安全，道路绿化需满足行车视线和行车净空的要求。行车视线要求在道路交叉口视距三角形范围内和弯道内侧的规定范围内种植的树木不影响驾驶员的视线通透，保证行车视距；在弯道外侧的树木沿边缘整齐连续栽植，预告道路线形变化，诱导驾驶员行车视线。行车净空要求在各种 道路的一定宽度和高度范围内为车辆运行的空间，树木不得进入该空间。具体范围应根据道路交通设计部门提供的数据确定。

《城市绿地设计规范》GB 50420—2007（2016年版）规定了园林景观道路绿地率不得小于40%，红线宽度大于50m的道路绿地率不得小于30%，红线宽度为40~50m的道路绿地率不得小于25%，红线宽度小于40m的道路绿地率不得小于20%。乔木不宜种植在宽度小于1.5m的分隔带及快速路的中间分隔带上，主干路上的分车绿带宽度不宜小于2.5m，行道树绿带宽度不得小于1.5m。

二、道路绿地

1. 分车绿带

分车绿带也称隔离带绿地，用来分离同向或对向的交通，起着引导景观流线、组织交通和分隔空间的作用（图11-5、图11-6）。分车绿带可以分为中央分车绿带和两侧分车绿带。

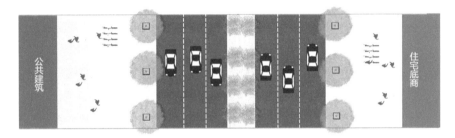

图 11-5　二板三带式分车绿带平面图

图 11-6　二板三带式分车绿带效果图

分车绿带的植物种植设计首先要考虑是否会影响交通安全，以不妨碍司乘人员视线为原则，发挥植物最大功能性作用。绿带的道路环境一般受到高浓度的大气污染，且土壤干燥、肥力低，因此选择抗逆性强、耐修剪的植物是维护可持续发展的必要性条件。若栽植乔木其主干分枝必须在2m以上，较窄的分隔绿带栽植灌木不超过70cm，随着分隔带宽度的增加，植物配置越来越丰富，布局形式更加多样，上层植物配置可用常绿乔木香樟、女贞等，下层可用矮小乔木或灌木，如茶花、紫叶李、大叶黄杨等，在不妨碍视线的情况下根据设计造型进行排列种植（图11-7~图11-9）。地被的选择要注意是否为耐阴种类，常绿耐阴地被一般是多年生，可避免每年更换地被而造成的水土流失，这样不仅是起到了改善土壤理化性质和肥力的作用，同时在经济效益上也大大提高，减少了一定的经济损失。

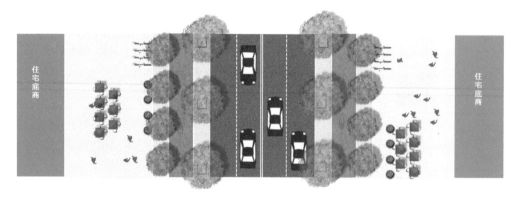

图11-7　三板四带式分车绿带平面图

图11-8　三板四带式分车绿带效果图

图 11-9　三板四带式分车绿带实景照

　　分车绿带的植物配置应注意形式简洁，树形整齐，排列一致，使驾驶员容易辨别穿行道路的行人，减少驾驶员视觉疲劳。被人行横道或道路出入口断开的分车绿带，其端部采取通透式栽植，使穿越道路的行人容易看到过往车辆，以利于行人、车辆安全。乔木树干中心至机动车道路缘石外侧的距离不宜小于 0.75m。中间分车绿带应阻挡相向行驶车辆的眩光，植物高度一般为 0.6～1.5m，树冠应常年枝叶茂密。合理配置灌木、灌木球、绿篱等枝叶茂密的常绿植物能有效地阻挡对面车辆夜间行车的远光，改善行车视野环境（图 11-10、图 11-11）。

　　在 2.5m 以上宽度的分车绿带上进行乔木、灌木、地被植物的复层混交，可以提高隔离防护作用。主干路交通污染严重，宜采用复层混交的绿化形式。两侧分车绿带宽度大于或等于 1.5m 的，应以种植乔木为主，并宜采用乔木、灌木、地被植物相结合的形式，道路两侧乔木树冠不宜在机动车道上方搭接。分车绿带宽度小于 1.5m 的，应以种植灌木为主，并应灌木、地被植物相结合。

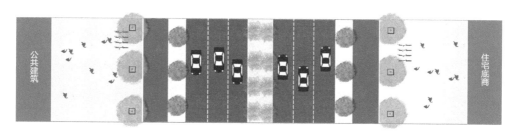

图 11-10　四板五带式分车绿带平面图

图 11-11　四板五带式分车绿带效果图

2. 行道树绿带

　　行道树绿带是指位于人行道与车道之间的绿地，主要以树池或树带的形式依次排列种植大型乔木类的行道树，树池中通常配置耐阴花草，是具有遮阴、防护、生态以及美化环境功能的道路绿地隔离带（图 11-12）。行道树绿带主要是为行人及非机动车庇荫。在进行种植时要充分考虑株距，以树种壮年期的冠幅为准，最小距离应大于4m。行道树树干中心至路缘石外侧的最小距离宜为 0.75m，这样可使其树冠之间有充分的营养面积以保持正常生长。在道路较宽、空间位置相对空旷的街道，行道树下

图 11-12　行道树绿带

可搭配灌木和地被植物，不仅可达到层次多元化的景观效果，而且可维护土壤条件，减少土壤裸露，对树木的根系生长、健康发育起到一定的养护作用。最后，从安全性角度来考虑，还要注意植物是否无毒、颜色是否刺眼、有无飘落毛絮等。灌木的选择上考虑植株无刺或少刺，耐修剪并具有可控性。

行道树绿带种植应以行道树为主，并宜乔木、灌木、地被植物相结合，形成连续的绿带。在行人多的路段，行道树绿带不能连续种植时，行道树之间宜采用透气性路面铺装。树池上宜覆盖树池篦子。为了保证新栽行道树的成活率，在种植后能在较短的时间内达到绿化效果，要求速生树胸径不得小于 5cm，慢生树胸径不宜小于 8cm。在道路交叉口视距三角形范围内，行道树绿带应采用通透式配置。

3. 路侧绿带

路侧绿带是指位于道路侧方人行道边缘至道路红线间的绿带，是缓和建筑与周围环境的生态绿带，路侧绿带植物种类更为丰富，设计形式多样，施展空间更大，从而在阻挡噪声污染和交通污染方面起到天然屏障的作用。路侧绿带设计应根据相邻用地性质、防护和景观要求进行，保持在路段内连续且完整的景观效果。路侧绿带宽度大于 8m 时，可设计成开放式绿地。在开放式绿地中，绿化用地面积不得小于该段绿带总面积的 70%。濒临江、河、湖、海等水体的路侧绿地，应结合水面与岸线地形将其设计为滨水绿带。滨水绿带的绿化应在道路和水面之间留出透景线。道路护坡绿化应结合工程措施栽植地被植物或攀缘植物，遮挡边坡裸露土壤，起到美化边坡的作用，如图 11-13～图 11-15 所示。

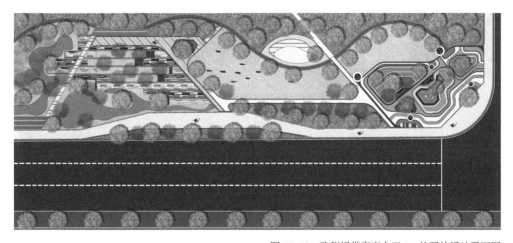

图 11-13　路侧绿带宽度大于 8m 的开放绿地平面图

图 11-14　路侧绿带宽度大于 8m 的开放绿地效果图一

图 11-15　路侧绿带宽度大于 8m 的开放绿地效果图二

　　路侧绿带的布局首先要考虑生态性，在适地适树的情况下合理选择植物进行配置。其次是功能性，应根据道路环境、行驶车辆数量等，充分利用植物的最大功能达到治理环境的要求。最后是美观性，植物的配置不仅仅是乔灌木搭配，还要根据周围环境、色彩使其设计手法融会贯通、层次分明，充分利用植物的质感、季相以及形态，烘托出特色鲜明、独有韵味的氛围，如图 11-16、图 11-17 所示。

图 11-16　路侧绿带开放绿地实景一　　　　图 11-17　路侧绿带开放绿地实景二

三、交通岛绿地

交通岛是为控制车辆行驶方向和保障行人安全而设置的绿地。交通岛绿地应根据各类交通的功能、规模和周边环境进行设计，方便人流、车流集散。交通岛因其特殊的交通位置与作用，不宜将其布置成开放式绿地，以保证行人安全，控制车流方向。

交通岛绿地分为中心岛绿地、导向岛绿地和立体交叉绿岛三类。交通岛绿地的植物配置应该增强其导向作用，在行车安全视距范围内采用通透式配置。交通岛可布置成大花坛，种植一年生或多年生花卉，组成各种图案，或种植草皮，以花卉点缀（图11-18）。中心岛绿地应保持各路口之间的行车视线通透，布置成装饰绿地。立体交叉绿岛宜种植草坪、地被植物或采用疏林草地模式，在草坪上点缀树丛、孤植树和花灌木，营造疏朗通透的景观效果，桥下宜种植耐阴地被植物，墙面宜进行垂直绿化。导向岛绿地植物配置应以低矮灌木和地被植物为主，平面构图宜简洁。符合条件的交通岛，其绿化设计可因地制宜布置雨水调蓄设施。

高架桥绿地为立体交叉绿岛的一种特殊形式。高架桥绿地的植物景观包括桥面绿化、桥墩绿化、桥下绿化。三者的立地条件不同，植物选择和营造方式也有差异。在桥面上，植物多种植在花箱中，花箱体积小，日照条件好，植物应选择耐旱、美观的品种。桥下绿地一般光线较差，要选择适合本地生长、抗性好、耐旱耐阴、抗污染的植物，如麦冬草、八角金盘、吉祥草、一叶兰等。桥墩绿化应考虑植物生长快慢搭配、常绿与落叶搭配、观叶与观花搭配，同时要考虑桥柱光照情况，常用植物有爬山虎、常春藤等，如图11-19、图11-20所示。

图 11-18　交通岛绿地植物景观

图 11-19　高架桥爬山虎景观

图 11-20　立交桥植物景观

四、停车场绿地

停车场绿化应有利于汽车集散和人车分隔，保证安全，不影响夜间照明。停车场周边应种植高大庇荫乔木，并宜种植隔离防护绿带，绿化覆盖率宜大于30%。在停车场内宜结合停车间隔带种植高大庇荫乔木，以防止暴晒，起到保护车辆、净化空气、防尘、防噪声的作用。停车场种植的庇荫乔木可选择行道树树种，树木分枝点高度应符合停车位净高度的规定，一般小型汽车为 2.5m，中型汽车为 3.5m，载货汽车为 4.5m。行道树种具有深根性、分枝点高、冠大荫浓等特点，适合于停车场的栽植环境，但应避免有异味、浆果、根系穿透力过强的植物。

停车场绿化主要有两种布置方式，一种是周边式绿化，四周种植乔木、花灌木、草地、绿篱或围以栏杆。这种布置方式集散方便，视线清楚，四周界限清晰，周边绿化可以和行道树绿化结合，缺点是场地无树木遮阴。另一种是树林式停车场，场地内种植成行、成列的落叶乔木，这类停车场占地面积较大，优点是夏季遮阴效果好，缺点是面积较大，形式较单调，如图11-21所示。

图 11-21　户外停车场

第三节　城市广场绿地植物景观营造

城市广场是城市形象的代表，也是城市居民重要的休闲娱乐场所，还承担着组织城市交通的作用。绿地应根据广场的功能、规模和周边环境进行营造，结合周边的自然和人造景观环境，协调与四周建筑物的关系，同时保持自身的风格统一，使其更利于人流和车流的集散。广场绿地布置和植物配置要考虑广场规模、空间尺度，使植物更好地装饰、衬托广场，改善环境，利于游人活动与游憩。广场绿化应选择具有地方特色的树种。

一、交通广场绿地

交通广场绿地包括汽车、火车、飞机、轮船等广场码头的绿地，包括集中和分散绿地，集中成片绿地不宜小于10%。在不影响交通功能的前提下，见缝插绿、见缝插景，使植物景观最大化。集中绿地采用疏朗通透、高分枝点的乔木规则式种植，保持广场与绿地的空间渗透，扩大广场的视域空间，丰富景观层次，使绿地能够更好地装饰广场。集中绿地沿周边种植高大乔木，起到遮阴、减噪的作用，供休息的绿地不宜设在车流包围或主要人流穿越的地方，步行场地和通道种植乔木遮阴。小块绿地以低矮的绿篱、花境、花池、花坛等形成绚丽的色块，同时起到组织人流的作用。

二、市政广场绿地

市政广场一般人流量大，绿地呈周边式配置，中央设置硬质铺装或软质的耐踏草坪，广场内视线通透，广场的植物景观通常呈规则式或自然式。规则式常采用树列、树阵、绿篱、花坛、可移动花箱等形式。自然式常采用花境、花池、树丛、嵌花草坪、疏林草地、花带等形式。总体而言，广场周边绿地以乔木和大面积草坪为主，在边角地带设计彩叶灌木，或由彩叶矮灌木组合成线条流畅、造型明快、色彩富于变化的绿篱图案，高度应避免遮挡视线，如图11-22、图11-23所示。

图11-22　丹佛市政广场的乔木与草坪　　　　图11-23　美国国会大厦广场的植物景观

三、纪念性广场绿地

纪念性广场绿地以景观功能为主，生态功能为辅。植物景观应以烘托纪念环境气氛为主，依据广场的纪念意义、主题来选择植物，并确定与之适应的配置形式和风格。

纪念人物的广场常根据人物的身份、地位或生平事迹、性格特征选择有代表性的植物，如松柏等常绿植物，采用规则对称式配植。纪念事物的广场则根据事物的性质不同，采用风格灵活多样的形式。纪念政治事件或悲壮的革命事迹宜采用规则对称式布局，选用绿、蓝、紫、灰等庄重严肃的装饰色彩以及暗色调植物，以营造凝重的气氛。如南昌八一纪念广场等，如图11-24、图11-25所示。

图11-24　南昌八一纪念广场绿地

图11-25　青川地震遗迹地质公园博物馆前广场绿地

四、商业广场绿地

商业广场是以商贸活动为主的广场，需兼顾景观功能和生态功能。在不遮挡行人视线的前提下，尽量提供种类丰富的植物景观供人欣赏，宜采用灵活多样的植物配置方式。树干分枝点高的乔木可以树池式种植并适当配以小型花坛、可移动花箱、花架等。宽阔地带的乔木树池，在不影响商贸活动的情况下，可设计成既可围护树干，又可充当座椅的花池，如图11-26、图11-27所示。

图11-26 科罗拉多商业中心绿地植物景观

图11-27 商业广场绿地植物景观

第十二章　校园绿地植物景观营造

校园是指学校教学用地或生活用地的范围。依据《城市绿地分类标准》CJJ/T 85—2017，校园绿地属于附属绿地（XG）的公用设施用地附属绿地（UG），是城市园林绿地系统"点、线、面"中"面"的部分。

依据《城市绿地规划标准》（GBT 51346—2019），公共服务用地的绿地率没有明确标准，一般依据用地面积形状和功能具体确定。根据各地方园林绿化条例，大专院校、科研院所的绿地率一般不低于30%，如依据《青岛市城市绿化条例》（2017年修订），要求新建、扩建学校绿地率不低于35%。

第一节　校园绿地功能与设计原则

一、校园绿地功能与作用

校园绿地是校园中最具亲和力的交流场所，是独特的绿色开放空间，是校园环境的重要组成部分。校园绿地具有调节气候、滞尘降噪、美化环境、涵养水源、保持水土、净化空气、防震减灾、杀菌防病、增加湿度等生态功能与服务功能。校园绿地植物景观能使大学生的身心得到放松，具有心理疏导的功能，还具备一定的文化教育功能。

1. 绿色交往功能

校园绿地是校园的绿色交往空间，它通过道路绿地、广场绿地、绿色廊道、庭院绿地等独立绿地，以及建筑外部绿地，将破碎不连贯的校园构建成流动、连续、交融的外部空间。绿地的连接、渗透，使得校园空间连续有序，可促进师生学习生活和交往空间的整体性。可改变大学各学院大楼封闭独立的空间形式，创造更多交融的绿色交往空间，使得校园成为充满活力与人性的场所。通过乔、灌、草等植物进行高低有序搭配，围合空间、分隔空间，构成开敞、垂直、封闭的学习、交流、娱乐、聚会、锻炼等绿色活动空间。图12-1为斯坦福大学鸟瞰图。

2. 健康调节功能

绿色环境对人的身心健康、情绪调节以及缓解疲劳、提高注意力等有积极作用。植物具有丰富的色彩、优美的姿态、馥郁的香气，并形成多样的空间，让呆板生硬的环境富有生机活力。学生通过视觉、嗅觉、触觉、听觉、味觉五大感官媒介进行感知，

图 12-1　绿色植物将建筑连接成连续有序的空间

并产生心理反应与情绪。因此，通过合理的植物配置，营造积极的校园环境能形成积极的心理干预，帮助师生提升心理免疫系统，从而更好地应对日常生活中所面临的压力与困难。图 12-2 为厦门大学芙蓉湖边植物景观。

图 12-2　厦门大学芙蓉湖边植物景观

3. 历史文化功能

加强校园绿地景观建设，不仅可以美化校园，优化校园生态质量，提升校园知名度，更是凸显校园历史、传承校园文化的重要手段。不同学校由于发展历史、院校类型等差异，形成了具有自身特征的校园景观。如武汉大学的樱花、清华大学的荷塘、厦门大学芙蓉湖、复旦大学梧桐林荫道、斯坦福大学棕榈行道树等绿化景观都是凸显校园厚重历史感的代名词。图12-3为清华大学"荷塘月色"植物景观。

图 12-3　清华大学 "荷塘月色"

4. 生态环境功能

校园绿地给学校师生提供了生态系统服务，体现在绿地的保持水土、涵养水源、降低热岛效应、吸污滞尘、碳氧平衡、净化空气、蓄水防洪及维护生态平衡等方面。校园绿地也能够提升校园环境的品质，如提供遮阴纳凉、降低噪声、软化建筑、防灾减灾、美化环境等功能。图12-4为成都理工大学砚湖植物景观。

图 12-4　成都理工大学砚湖植物景观

二、校园绿地设计原则

植物景观是校园绿地的重要组成部分，与其他景观要素一同构成了校园绿地及整个校园环境。通过营造校园自身特有的环境氛围，达到理性与感性的融合，并通过空间功能、意象转换，使校园成为具有亲和力的场所。

1. 形成内外交融的校园空间

建设美丽宜居公园城市，就是要将城市所有空间作为统一的绿地系统经营管理，校园的边界绿化与校外绿地融为一体是城市管理的发展趋势。在设计时，要将校园内外绿化景观作为一个统一的空间界面进行打造，形成一个内外交融的绿色空间。

2. 构建连续通透的开放空间

在进行校园绿地空间营造时，应尽可能地保持绿地空间的连续性，通过不同的空间形式，将整个校园建设成充满序列感的自然绿地空间。由于校园空间的公共性，从安全角度来看，植物景观空间营造要尽量保证通透性。

3. 突出人文历史特色空间

学校是传播知识、传承文明、培育人才的场所，学校历史文化是学校发展的灵魂，是学校精神在校园空间内的呈现。在进行校园主题绿地空间设计时，要充分挖掘校园的历史文化内涵，营造自然环境与人文环境融合的校园景观。

4. 满足功能多样的生态空间

在进行校园绿地景观营造时，要研究不同人群对空间交往的需求，营造多样的空间交往。要满足不同环境的需求，如道路遮阴、降低外部环境噪声、隔离不良物体、降低热岛效应、美化校园环境等。要考虑生态功能，应用高效植物配置技术，提高绿地的生态效益。

第二节　大学校园绿地植物景观营造

不同的学校由于规模、性质等差异，校园的空间布局和功能分区有所变化。以普通高等院校校园为例，按照功能分区，校园绿地可分为校园入口区绿地、教学办公区绿地、学生宿舍区绿地、休闲游憩区绿地、道路绿地、图书馆区绿地、食堂周围绿地、实验大楼周围绿地、体育活动区绿地、校园边界区绿地等不同类型。针对不同的功能区，植物配置应因地制宜，应利用植物创造环境，挖掘校区植物配置的新意，创造既符合使用功能，又具有特色的植物景观。图12-5为某高校景观鸟瞰图。

图 12-5　某高校景观鸟瞰图

一、校园主入口区绿地

学校入口空间是城市与校园联系的纽带，是人们感受校园文化的场所，是展现高校面貌的区域和城市与校园传播交流的空间，包括门前空间（市政道路到大门之间的空间）和门内空间（大门到主体建筑之间的空间）。

国内外高校校园入口区景观营造有显著区别。国内大学校园多数为封闭式模式，有明显的入口大门，并成为城市街景的重要组成部分，展现校园的整体风貌与精神内涵。国外高校校园与社区之间没有明显界限，也没有明显的大门，而是结合自然地貌，设计入口的标识标牌，图12-6为科罗拉多矿大入口处植物景观。

门前空间主要功能是人群集散，绿地面积不宜过大。植物景观营造要与空间尺度的大小、大门形式等相协调，植物景观通常作为配景，形式简单、空间通透为宜，如简单的灌木与花卉组合，乔木与草坪组合等。

门内空间有广场式、草坪式、绿岛式、围合式、自然式等多种形式。清华大学主入口空间为几何带状草坪。北京林业大学主入口空间为广场式，在广场与主楼之间进行堆坡造林，以自然式种植方式进行风景林营造，凸显北京林业大学行业院校特色。

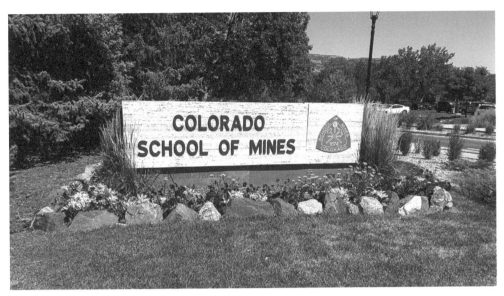

图 12-6　科罗拉多矿大入口处植物景观

四川大学望江校区正门采用仿古牌坊"大红门"，门内空间以围合规则式为主；轴线两侧的听荷池是四川大学的地标景观，周围种植高大的垂柳；翠绿的荷叶与鲜红的校门构成了强烈的色彩对比，彰显四川大学的古朴与深厚的历史底蕴。成都理工大学新校区入口区域采用中轴式，前广场用高大的黄葛树，礼仪广场两侧种植两排银杏，形成林下活动空间，下层采用彩叶灌木。图 12-7 为某高校入口区鸟瞰图。

二、教学科研办公区绿地

教学科研办公区是学校的核心区域，是学校建筑群体的主体部分，需要营造一个安静的环境。绿地布置多呈块状，绿地宽度宜为 3m 以上，植物配置形式要与建筑、道路、广场相协调统一，其目标是营建一个通透、安静的学习环境。植物景观空间布局形式多样，植物景观宜简单通透，层次不宜过于丰富，色彩不宜过于艳丽，可采用国槐、白蜡、女贞、朴树、海桐、小叶黄杨、枸骨冬青等植物。植物选择应充分考虑室内采光、通风情况，多种植一些小灌木，建筑物窗户的 5m 之内不宜种植高大乔木。在教室的东西两侧，3~4m 的距离之外，种植高大茂盛的落叶乔木减缓夏季的日晒，北面种植耐阴植物，南侧可以落叶乔木为主，夏季枝繁叶茂以遮阴，冬季树叶掉落不阻挡阳光。图 12-8 为某高校办公区植物景观，图 12-9 为科罗拉多矿大实验室大楼植物景观，图 12-10 为哈佛大学唐纳喷泉草坪与乔木景观。

图 12-7 某高校入口区鸟瞰图

图 12-8 办公区绿树成荫

图 12-9 科罗拉多矿大实验大楼周边的常绿植物景观

图 12-10 哈佛大学唐纳喷泉草坪与乔木景观

三、图书馆区绿地

图书馆极具人文内涵与书卷气息，需营造舒适宜人的阅读环境。图书馆周边绿地大多数呈带状，在绿地较宽处，可以采用落叶乔木覆盖空间，也可以绿色植物为主调，设计游步道，起到缓解视觉疲劳的作用。在开阔的绿地空间铺设草坪、点缀花木，营造开阔通透之感。成都理工大学水上图书馆周边种植垂柳，与静水面相得益彰，形成宁静的读书环境。图 12-11 为成都理工大学水上图书馆周边植物景观。

图 12-11　成都理工大学水上图书馆周边植物景观

四、学生宿舍区绿地

学生宿舍区是学生住宿休息的场所，也是人员最密集的区域。宿舍的建筑一般间距小、密度大，绿地多为小型带状形式。绿地营造应留出等候空间、交流空间，植物景观可为自然式或规则式，宜简单实用。学生宿舍区楼间距较小，空间不大，植物宜选择耐阴性强、有芳香的小乔木、灌木或者以地被植物为主，如山茶花、石楠、蜡梅等。不宜选择多刺、有异味、落果的植物，如紫娇花、构树等。

五、道路绿地

校园道路是连通各功能区的重要通道，其植物景观设计既要满足实用功能，更要美观、大方。校园行车道一般为一板两带式，行道树的选择要求，其一是能代表校园形象、体现地域特色；其二是要根深叶茂、树形挺拔，发芽早、落叶晚，耐修剪、抗性强、花果不污染环境等，如悬铃木、朴树、榆树等。

路侧绿带的植物应依据绿带的宽度、形式和环境进行配置，要布局灵活、层次丰富、色彩协调，遵循乔灌木搭配、落叶和常绿树结合的原则。自然优雅的组团群落、规则严谨的绿篱花坛、自然野趣的花境、壮观的风景林等都可以独立成景，也可以相互搭配。植物可以选择树形优美的蓝花楹、银杏、香樟、枫香、红叶石楠、紫薇、樱花等。图12-12为哈佛大学校园道路植物景观。

图 12-12　哈佛大学校园道路植物景观

六、体育活动区绿地

体育活动区是学生开展各种体育活动以及举办各种典礼的主要场所。植物配置主要选取高大且分枝点高的常绿乔木，茂盛的枝叶能在炎热的夏季为学生遮阴。种植常绿灌木形成隔离带，以分隔场地外的区域，减少对体育活动区的干扰。图12-13为斯坦福大学运动场周边植物景观。

图 12-13　斯坦福大学运动场周边植物景观

七、休闲游憩区绿地

休闲游憩区是校园内面积较大、相对独立的绿地，是为师生提供休闲娱乐、人际交往和学习交流的场所。该绿地能有效缓解师生工作学习的紧张情绪，其植物景观需要协调自然与人文环境，同时突出校园特色，形成充满校园活力的场所。植物多采用树形优美、观赏价值高的树种，铺设大草坪，设置花坛、棚架、水池、雕塑小品等，形成校园主景或游园，为师生晨读、交流、健身、集会提供舒适的户外空间。图12-14为斯坦福大学圆形喷泉休闲空间周边的植物景观。

图 12-14　斯坦福大学圆形喷泉休闲空间周边的植物景观

第三节　中小学校园绿地植物景观营造

1. 中小学校园特点

　　与大专院校相比，中小学面积较小，建筑密度大，绿地面积小，一般占总用地的35%。中小学学生以走读为主，在校时间以上课为主，自主活动时间较少。

2. 中小学校园绿地设计原则

　　基于中小学学生心理需求和学校教育的需求，植物设计应满足学生的好奇心、探索心、求知心及趣味心。其植物景观设计应立足于本土地域文化，结合校园独有的人文精神，赋予校园植物景观活的灵魂，突出学校文化内涵，让学生在校园环境中潜移默化地接受熏陶。植物景观要坚持安全性、生态性、功能性、趣味性、科普性、通透性原则，营造一个绿色健康的校园。

3. 中小学校园绿地植物景观设计

　　中小学校园绿地功能较为简单，绿地一般分为入口绿地、道路绿地、运动场绿地、休闲绿地、建筑周边绿地等。以某九年制学校校园为例，该校园绿地以绿色为主调，适当采用彩叶灌木色块，营造安静的校园环境。图12-15～图12-20为某附属学校植物景观设计方案。

图12-15　附属学校鸟瞰图

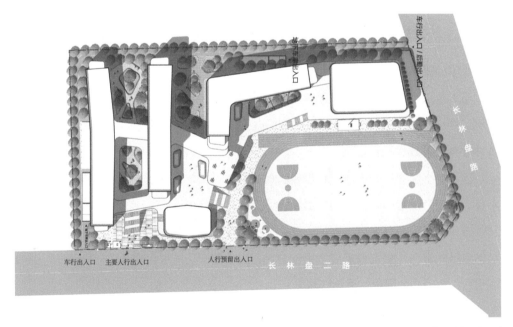

图12-16　附属学校平面图

图 12-17　利用行道树形成统一的空间界面

图 12-18　道路绿地乔木与地被组合，空间通透

图 12-19　中庭内常绿乔木和草坪组合

图 12-20　运动场采用常绿植物围合空间

参考文献

陈晓刚，林辉，2015．城市园林植物景观设计之意境营造研究［J］．城市发展研究，22（7）：19．

陈宇，宋双双，侯雅楠，2020．南京市夏季垂直绿化对人体舒适度的影响探究［J］．中国园林，36（9）：64-69．

陈友民，1990．园林树木学［M］．北京：中国林业出版社．

成玉宁，2012．湿地公园设计［M］．北京：中国建筑工业出版社．

金紫霖，张启翔，安雪，2009．芳香植物的特性及对人体健康的作用［J］．湖北农业科学，48（5）：1245-1247．

金煜，2008．园林植物景观设计［M］．沈阳：辽宁科学技术出版社．

克劳斯顿，1992．风景园林植物配置［M］．陈自新，许慈安，译．北京：中国建筑工业出版社．

雷琼，赵彦杰，等，2017．园林植物种植设计［M］．北京：化学工业出版社．

冷平生，2011．园林生态学［M］．2版．北京：中国农业出版社．

理查德·L．奥斯汀，2005．植物景观设计元素［M］．罗爱军，译．北京：中国建筑工业出版社．

李雪梅，2007．园林植物景观设计［M］．武汉：华中科技大学出版社．

李雄，2007．园林植物景观的空间意象与结构解析研究［D］．北京：北京林业大学．

李铮生，2006．城市园林绿地规划与设计［M］．2版．北京：中国建筑工业出版社．

李春娇，贾培义，董丽，2014．风景园林中植物景观规划设计的程序与方法［J］．中国园林，30（1）：93-99．

李树华，姚亚男，刘畅，等，2019．绿地之于人体健康的功效与机理—绿色医学的提案［J］．中国园林，35（6）：5-11．

梁永基，王莲清，2001．道路广场园林绿地设计［M］．北京：中国林业出版社．

刘慧民，2016．植物景观设计［M］．北京：化学工业出版社．

刘彦琢，2011．关于风景园林工程施工图审查的思考［J］．中国园林，27（5）：95-98．

刘瑞雪，许晓雪，袁磊，2020．新自然主义生态种植设计理念下的城市墙体自生植物在垂直绿化中的应用［J］．中国园林，36（4）：111-116．

芦建国，李舒仪，2009．公园植物景观综合评价方法及其应用［J］．南京林业大学学报（自然科学版），33（6）：139-142．

南希A．莱斯辛斯基，2004．植物景观设计［M］．卓丽环，译．北京：中国林业出版社．

尼克·罗宾逊，2017．种植设计手册［M］．尹豪，译．北京：中国建筑工业出版社．

宁惠娟，邵锋，孙茜茜，等，2011．基于AHP法的杭州花港观鱼公园植物景观评价［J］．浙江农业学报，23（4）：717-724．

诺曼·K．布恩，1989．风景园林设计要素［M］．曹礼昆，曹德鲲，译．北京：中国林业出版社．

苏珊·池沃斯，2007．植物景观色彩设计［M］．董丽，译．北京：中国林业出版社．

苏晓毅，2010．居住区景观设计［M］．北京：中国建筑工业出版社．

苏雪痕，2012．植物景观规划设计［M］．北京：中国林业出版社．

孙筱祥，2011．园林艺术及园林设计［M］．北京：中国建筑工业出版社．

唐东芹，许东新，2001．园林植物景观评价方法及其应用［J］．浙江农林大学学报，18（4）：394-397．

王淑芬，苏雪痕，1995．质感与植物景观设计［J］．北京工业大学学报（02）：41-45．

王茜，张延龙，赵仁，2020．四种校园绿地景观对大学生生理和心理指标的影响研究［J］．中国园林，36（9）：92-97．

西蒙·贝尔，2013．景观的视觉设计要素［M］．陈莉，申祖烈，王文彤，译．2版．北京：中国建筑工业出版社．

叶乐，2019．组群模式在植物造景中的应用［M］．北京：化学工业出版社．

尹豪，2013．吹起自然化种植的号角——威廉姆·罗宾逊及其野生花园［J］．

中国园林，29（3）：87-89.

张晶晶，刘晓明，2010．浅析如何营造植物群落的优美林缘线［J］．北方园艺，19：133-135.

张晶晶，刘晓明，2010．浅析植物群落优美林冠线的营造方法［J］．北方园艺，13：107- 110.

张明丽，胡永红，秦俊，2006．城市植物群落的减噪效果分析［J］．植物资源与环境学报（02）：25-28.

中华人民共和国住房与城乡建设部，2015．风景园林制图标准：CJJ/T67—2015［S/OL］．北京：中国建筑工业出版社.

中华人民共和国住房与城乡建设部，2017．风景园林基本术语标准：CJJ/T91—2017［S/OL］．北京：中国建筑工业出版社.

周维权，2008．中国古典园林史［M］．3版．北京：清华大学出版社.

周道瑛，2008．园林种植设计［M］．北京：中国林业出版社.

朱钧珍，2015．中国园林植物景观艺术［M］．北京：中国建筑工业出版社.

Keen M, 1991.Gardening with color [M]. New York: Random House.

Walk T D, 1991. Planting design [M].New York: Van Nostrand Reinhold Company.

Qin J, Zhou X, Sun C J, et al, 2013. Influence of green spaces on environmental satisfaction and physiological status of urban residents[J]. Urban Forestry & Urban Greening, 12(4):490-497.